又好看又好玩的

大师物理课

疯狂问答

〔苏〕别莱利曼 / 著

申哲宇 / 译

北京联合出版公司
Beijing United Publishing Co.,Ltd.

图书在版编目（CIP）数据

疯狂问答 / （苏）别莱利曼著；申哲宇译. —北京：北京联合出版公司，2024.6

（又好看又好玩的大师物理课）

ISBN 978-7-5596-7588-0

Ⅰ．①疯… Ⅱ．①别… ②申… Ⅲ．①物理学—青少年读物 Ⅳ．①O4-49

中国国家版本馆CIP数据核字（2024）第077830号

又好看又好玩的大师物理课 疯狂问答

YOU HAOKAN YOU HAOWAN DE DASHI WULIKE　FENGKUANG WENDA

作　　者：［苏］别莱利曼

译　　者：申哲宇

出 品 人：赵红仕

责任编辑：徐　樟

封面设计：赵天飞

北京联合出版公司出版

（北京市西城区德外大街83号楼9层　100088）

水印书香（唐山）印刷有限公司印刷　新华书店经销

字数300千字　875毫米×1255毫米　1/32　15印张

2024年6月第1版　2024年6月第1次印刷

ISBN 978-7-5596-7588-0

定价：98.00元（全5册）

CONTENTS
目 录

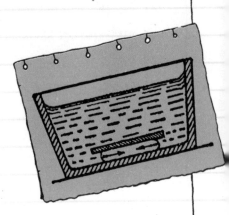

01 升和立方分米

【题】升和立方分米一样大吗？

【解】通常人们认为升和立方分米是一个概念，但事实上并非如此。二者的容量近似相等，但并不完全一样。在度量制中，1升并不是用1立方分米，而是用1千克来衡量的。比如，1千克的纯净水在4℃时密度最大，此时的体积为1升，这个体积比1立方分米多出了27立方毫米。

所以说，升与立方分米并不相等，1升比1立方分米要稍大些。

02 热气球上的旗子

【题】在风的作用下，一只热气球朝北移动。如果热气球的吊篮中有一面旗子，那么旗子会朝哪个方向飘动呢？

【解】气球在空中被气流控制，它和风的速度是相同的。气球和它周围的空气处在相对静止的状态，旗子也处在相对静止的状态。所以，旗子就跟处在静止的空气或无风的天气里一样，应该是垂直悬挂的状态。即使外面狂风怒吼，坐在吊篮里面的人依然感受不到风的存在。

03 水面上的波纹

【题】将一块石头投入静止的水中，会激起一圈一圈的圆形波纹。那么将一块石头投入流动的水中，会激起什么形状的波纹呢？

【解】很多人一看到这个题目就会进行推理，并得出这样的结论：将石头投入流动的河水中，波纹既不会是扁形的，也不会是椭圆形的，即便是在湍急的水流中，所激起的波纹依然是圆圈状的。

通过推理我们可以得出这样一个结论：无论水处于静止状态还是流动状态，投入其中的石子所激起的波纹应该都是圆形的。这个结论是有理论依据的。我们将产生波动的水的运动看作是辐射和传递这两种运动的结合，其中辐射指由波动中心向外扩散，传递则指朝水流方向运动。产生波动的水不管是先辐射再传递，还是同时进行这两种运动，最终得出的结果是一样的。所以，将一块石头投入流动的水中，波纹依然是圆圈状的。与静水中的波纹相比，流水中的波纹只是平行位移了而已。

<图1> 将一块石头投入流水中，会激起什么形状的波纹呢

04 体位变化对秤的影响

【题】有个人刚开始站在刻度为十进位的秤上，后来改为蹲下。他在蹲下那一刻，秤盘上的指示针是朝上移动呢，还是朝下移动呢？

【解】很明显，人在蹲下时体重并没有发生变化，但这并不意味着秤盘上的指示针不会发生变化。人蹲下时，躯干会托住双脚，这样一来双脚施加给秤盘的压力减小了，所以秤盘上的指示针会朝上移动。

05 攀爬热气球

【题】热气球静止在空中，并垂落下一截梯子（如图2）。有个人在攀爬梯子，请问这时热气球是朝上运动呢，还是朝下运动呢？

<图2> 热气球朝哪个方向运动

【解】人在攀爬梯子时，热气球会往下沉。这就好比人从即将靠岸的小船朝岸边方向走，在双脚的作用下，小船会向后退去。同理，攀爬者攀爬梯子时，会用双脚将梯子向下压，热气球也会紧跟着朝地面下坠。

至于热气球上下位移高度的大小，跟热气球及人的质量有关。热气球的质量是人的几倍，它位移的高度就是人攀爬高度的几分之几。

06 瓶罐里的苍蝇

【题】将一只苍蝇放置在一个封闭的瓶罐内，然后将瓶罐放在一架灵敏的天平上，如图 3 所示。如果苍蝇开始飞行，天平上的刻度会改变吗？

<图3> 关于在瓶罐中飞行的苍蝇的问题

【解】 这个问题曾经出现在一本科学杂志上，当时有 6 名工程师积极讨论了它。他们虽然提供了很多论据，但是解决方法却不合理，因此最终并没有得出一个令人信服的答案。

其实，不借助方程式我们就能将这个问题分析清楚。如果苍蝇是在同一个水平面上飞行，它的翅膀会给空气施加向下的力，这个力和它自身的重量相同，然后这个力会传递到瓶底。因此，天平上的刻度并不会发生变化。

但是，当苍蝇在瓶罐中上下飞行时，它做的加速运动使它处在力的作用之中，这时压力就变了。具体来说，当苍蝇向上飞行时，它对空气施加的力大于它自身的重量，这时瓶罐变重，秤盘就会下沉；

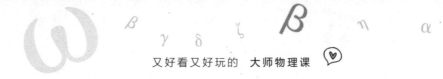
当苍蝇向下飞行时，它对空气施加的力小于它自身的重量，这时瓶罐变轻，秤盘就会上升。

07 被折断的杆子

【题】一根匀质杆在中心位置受到了支撑，处于平衡状态（如图 4 所示）。如果将杆子右边的一半截取下来叠加在右侧剩下的那部分上，这根杆子还会保持平衡吗（如图 5 所示）？

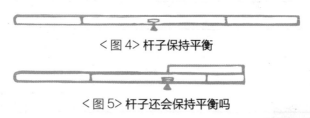

\<图 4\> 杆子保持平衡

\<图 5\> 杆子还会保持平衡吗

【解】可能有些人会认为，杆子叠加以后左右两边的重量是相等的，所以两边仍然应该保持平衡。这样的观点是错误的。要知道，杆子上重物均等是有前提条件的，那就是它们的长短比例和力臂比例是成反比关系的。杆子没有被截断前力臂是相等的，因为每一半的重量都依附在中心点上（如图 6 上部所示），这时它们的重量相等，所以杆子能保持平衡。但是，当右边的杆子被截断后，杆子右边的力臂仅是左边力臂的二分之一。此时，杆子左右两边的重量虽然相等，但由于力臂不再相同，它们就不再均等了。如图6下部所示，由于杆子左边部分的重量所依附的那个点到原来中点的距离，是右边部分的重量所依附的那个点到原来中点距离的两倍，所以杆子不再保持平衡状态，没有被截断的那部分比被截断的那部分的力矩大。也就是说，杆子会朝左倾斜。

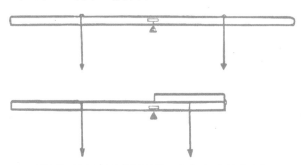

<图6> 直杆部分保持平衡，折杆部分就会失衡

08 朝哪个方向扔瓶子

【题】从正在行驶的火车车厢中往外扔瓶子，如果要保证瓶子最不容易破裂，应该把瓶子朝前扔呢，还是朝后

扔呢？

【解】许多人认为，从正在行驶的火车中往前跳更安全一些，据此他们认为把瓶子朝前扔，瓶子落地的瞬间受到的力会更小，最不容易破裂。

这种观点其实不对，事实上应该把瓶子往后扔，即往与火车运行方向相反的方向扔。这样，瓶子被扔出去的瞬间所获取的速度并不会受到惯性的影响，与地面接触时速度也最小。

要是把瓶子朝前扔，它被扔出去后有惯性，会保持和火车一样的速度，这样一来与地面的撞击力也会更强，从而更易碎。

09 抛出车外的物体

【题】在火车运行时和静止不动时，分别从车厢中扔出一个物体，哪个会更早落地？

【解】需要注意的是，重力不仅仅作用于不带初速度的物体，还作用于像这种带有一定初速度的被抛物体，并且这两种物体的降落加速度是一样的。也就是说，无论火车是静止状态还是运行状态，被抛出来的物体都会在同一时间落地。

10 炮弹的最大速度

【题】炮兵们认为炮弹的最大速度并不在炮身里面，而是在炮身外面，即炮弹离开弹槽之后。他们的观点正确吗？

【解】炮弹被射出弹槽后，火药气体仍对它施加压力，即继续推着它向炮管外运动，这个力初时大于空气的阻力。因此，在一段时间内炮弹的速度还会递增。只有当火药气体逐渐在空中扩散，炮弹所受到的压力才会逐渐减小，直到小于空气的阻力。这时，炮弹所受到的来自前面的阻力要比来自后面的推力大，于是炮弹的飞行速度就开始减小了。

所以，炮兵们说的对，炮弹的确是被射出炮管一段距离后速度最大。

11 高空跳水的危害

【题】如图7所示，为什么说高空跳水会对身体造成危害呢？

【解】高空跳水会对身体造成危害，主要是因为降落时积蓄起来的速度会在短时间内减到零。例如，如果跳水者从10米高的跳台处跳入1米深的水池中，那么他在10米长的路程里自由落体积蓄起来的速度就会在仅仅1米的距离内消失。换句话说，在这1米的过程里，自由落体时的负加速度是重力加速度的10倍，因此，跳水者落水时受到的是由重力所产生的压力，这个压力是原有压力的10倍。也就是说，如果跳水者的体重是70千克，那么他好像变成

<图7> 为什么高空跳水会对身体造成危害

了 700 千克似的。这样的负担哪怕只有一小会儿，也会给跳水者的机体造成严重的伤害。

所以，如果想减少跳水所带来的伤害，那就应该把游泳池挖得足够深，让自由落体时积蓄起来的速度在尽可能长的路程中散发掉，负加速度便会变得小些。

12 坡面上的滑动

【题】如图 8 所示，被放置成 B 状态的方木能够克服摩擦沿着坡面 MN 滑动。如果将方木放置成 A 状态，在没有外力推动时，它还能够滑动吗？

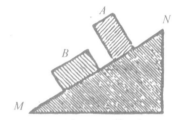

<图 8> 方木在坡面上的滑动

【解】 将方木放置成 A 状态时，它依然能滑动。有些人认为，被放置成 A 状态的方木对支撑面施加了更大的单位压力，因而会受到更大的摩擦力。这样理解是不正确的，因为摩擦力的大小并不取决于其所接触表面的大小。所以，如果方木被放置成 B 状态时能够下滑，那么它被放置成 A 状态时同样能下滑。

13 漫画中的力学

【题】图 9 中的漫画是有力学依据的，请问其中应用的力学原理是正确的吗？

【解】这个问题是牛津大学的力学教授、儿童科普读物《爱丽丝梦游奇境》的作者刘易斯·卡罗尔所提出的著名的"猴子"问题的一个变体。卡罗尔为我们提供了一幅图画（如图 10 所示），并提出了这样一个问题：当猴子沿着绳子往上爬时，重物是向上运动还是向下运动？

<图 9> 英国部长往上爬时，钱袋会向下移动吗

<图 10> 刘易斯·卡罗尔"关于猴子的问题"

有人说，猴子沿着绳子往上爬时重物会掉下来。也有人说，猴子沿着绳子往上爬时，不会对重物造成任何影响。只有少数人认为，猴子沿着绳子往上爬时，重物也会向上移动。最后一种观点是正确的，即猴子或人向上运动时，重物不会向下移动，它也是向上移动。同时我们应该注意到，当人沿着滑轮上垂下来的绳子往上爬时，绳子是向下运动的（我们不妨和第5个问题比较一下，即人沿着热气球上垂落下来的梯子往上攀爬）。也就是说，人运动的方向和绳子运动的方向是相反的。

同样的道理，漫画中的部长沿着绳子往上爬时，钱袋也会向上移动，而不会向下。

14 圆台体的重心

【题】将纯铁质的圆台体按如图11放置。如果将该圆台体倒置，那么它的重心会发生转移吗？如果发生转移，会转移到哪里？

<图11> 圆台体的重心问题

【解】如果将该圆台体倒置，它的重心不会发生转移。因为重心具有这样的特征：它的位置是由物体质量的分布来决定的，不会随着被放置的方式不同而发生改变。

15 水杯中的茶叶与弯曲的河道

【题】用茶匙搅动茶杯中的茶，随后将茶匙取出，我们会看到这样的现象：茶叶从杯底冒上杯沿并逐渐涌向杯底的中心，为什么会这样呢？

【解】茶叶会涌向杯底的中心，是因为杯底的摩擦力阻止了下层水面的流动。因此相对于下层水面来说，上层水面的离心作用更加明显。与底部相比，顶部会有更多的水从中心流向杯壁，这样一来底部中心就会积聚更多的水。搅动过程中会产生漩涡状，顶部的运动方向是从中心流向杯子边缘，底部的运动方向是从杯子边缘流向中心。所以，杯底会存在一股涌向杯心的水流，这股水流又会吸引杯壁附近的茶叶流向杯心（图12）。

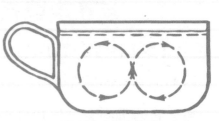

<图12> 水杯中的漩涡方向。
选自爱因斯坦的论文

类似的现象也会发生在别

的地方，比如河道弯
曲的地方。根据爱因
斯坦的理论，正是由
于这种水流运动，河
道会越来越弯，形成
所谓的回纹。图13来
自爱因斯坦的《河道
回纹的原因》这篇文

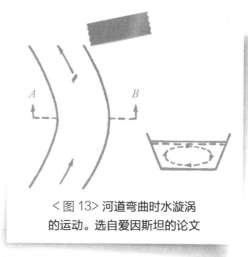

<图13> 河道弯曲时水漩涡
的运动。选自爱因斯坦的论文

章，爱因斯坦在文中解释了两种现象之间的关系。

16 压缩水和铅

【题】在高压情况下，水和铅哪个收缩程度更大一些？

【解】中学教科书中指出液体具有不可压缩性，以至
于大家形成了这样一种观点：液体是不可压缩的，无论在
何种情况下受到的挤压程度都要比固体小。但实际上，液
体并不是完全不能压缩，只不过它的压缩性非常弱而已。
如果我们将液体和固体的可压缩性进行比较，就会发现液
体的可压缩性是固体的几倍。

最容易压缩的金属是铅，在一个大气压下，铅被压缩

后体积会缩小 0.000006 倍，而水在同样的
条件下被压缩会缩小 0.00005 倍，约是铅
的 8 倍。如果与钢相比，水的压缩性是钢
的 70 倍。

最易于被压缩的液体是硝酸，在一个
大气压下，硝酸的体积会缩小 $\dfrac{1}{340000}$，这
个压缩性是钢的 500 倍。但是，如果和气体相比的话，液
体的压缩性还是不值一提，因为气体的压缩性是液体的几
十倍。

然而根据巴塞特实验证明，像氮等气体在 25000 个大
气压下会变得完全不可压缩，因为在这么大的气压下，该
气体分子之间的密度达到了最大。

17 在倾斜的毛细管中

【题】如图 14 所示，毛细管垂直时，容器中的液体会
上升 10 毫米。如果将该毛细管倾斜，使它与液体表面呈
30° 角，那么液体表面会上升多高呢？

【解】毛细管中液体的长度取决于管是垂直浸入其中，

还是与地平面保持某一个角度。但无论在哪种情况下，上升的高度，也就是凹凸面到液体表面的垂直距离都一样。所以，与容器中液体表面呈30°角倾斜的管中的液柱是在垂直状态下的两倍，但是凹凸面高出容器液体表面的部分是一样的。

< 图 14> 哪只毛细管中的液面升得更高些

18 沉底的木板

【题】将一块密度较大的木板放进盛有水的玻璃容器底部，木板会漂浮起来。但是如果将一块玻璃片放进盛有水银的同样的玻璃容器底部，玻璃片就不会浮起来。要知道，水银中玻璃片受到的浮力要比木板在水中受到的浮力大得多。这是为什么呢？

【解】木板被放进盛有水的玻璃容器底部后会浮上来，原因很简单，木板底部渗透了水。那么，为什么玻璃就不行呢？我们要明了的是，无论木板如何紧贴容器底部，它们之间都必然会留下细小的缝隙。如图15所示，浸湿的

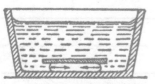

<图15> 水流到薄板下面

<图16> 水银没有流到薄板下面

木板与玻璃之间会形成一个凹面，这个凹面指向没有液体的夹层。这个凹面就像是一个内凹凸镜一样，可以将水吸引到木板和玻璃底部之间的空隙中。

至于水银和玻璃片就不同了。水银不能将玻璃片浸湿，因此在玻璃片和玻璃底部之间，会形成一个指向空白夹层的凹面。该凹面会向外挤压，从而阻止水银流到玻璃片下面（如图16所示）。

19 春汛和枯水期

【题】如图17和图18所示，为什么河水的表面在春汛期间很容易凸起来，而枯水期却是凹下去的呢？

<图17> 春汛期的河水表面

<图18> 枯水期的河水表面

【解】春汛和枯水期河水表面的曲度迥然不同，是因为中部的河水流速比边缘的河水流速快，这导致中部的流量比两侧边缘大些，所以春汛时中部聚集的水量比两侧边缘要多，进而  导致河水的表面凸起。与之相反，枯水期时，同样是因为中部的河水流速比边缘的河水流速快，导致中部的河水流失量要比边缘的大，于是河流的表面就会凹陷下去。

河道越开阔，上述现象表现得会越加明显。列克留在《地球》一书中这样写道："密西西比河汛期时中部水面比两侧水面大约高出 1 米。伐木工人都知道，如果在汛期时将木材流放到河水中，那么木材会被抛到河的两侧，而到了枯水期，木材则会聚集在河道中央。"

20 波浪

【题】如图 19 所示，为什么海浪拍击海岸时形成的波峰是弯曲状的？

【解】水体表面波浪的传播速度取决于水深，而波浪的波峰水比波谷水要深，波峰的水流动快些，于是形成如图 19 所示的弯曲向前的状态。

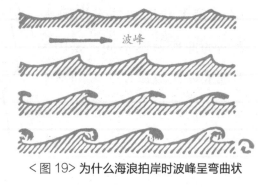

波峰

<图 19> 为什么海浪拍岸时波峰呈弯曲状

这个原理还可以用来解释岸边的另一种波浪现象，那就是撞击到岸上的浪脊总是与海岸保持平行状态。因为波浪在靠近海岸时会减速，这导致波浪在涌向岸边的过程中不断变形，直到与海岸不再保持平行。

21 空气的第三种主要成分

【题】空气的第三种主要成分是什么？

【解】很多人想当然地认为，除了氮气和氧气，空气中的第三种主要成分是二氧化碳。然而事实并非如此。很久之前人们就发现，空气中有一种气体的含量是二氧化碳的 25 倍。该气体就是氩，这是一种惰性气体，含量约为空气的 1%，而二氧化碳只占空气的 0.04%。

22 倒置水杯中的水

【题】 如图 20 所示,将盛满水的杯子上放一张纸片,然后将杯子倒置,那么纸片不会从杯口掉落。对于这种现象,人们通常是这样解释的:纸片下方受到的外部空气压强是一个大气压,而杯内的水对纸片施加的压强只是一个大气压的几分之一,多余的压强使得纸片不会掉落。

然而,这样解释正确吗?如果它是正确的,那么纸片贴住杯口的压强约为一个大气压。假如杯口的直径为 7 厘米,那么纸片所受的作用力大小为:$\frac{\pi}{4} \times 7^2 \approx 38$(千克力)。很明显,要想让纸片掉落根本不需要这么大的力,轻轻地碰一下它就可以了。重几十克的金属片或玻璃片是不可能紧贴在杯口上的,它们在重力的作用下自然就会掉落下来。所以,常规的解释不具有说服力。

那么,到底应该如何解释呢?

<图20> 为什么纸片不会掉落下来

【解】 我们应该明白,虽然

纸片和杯子贴得很紧，杯子里也还是有空气存在的。要知道，两个相接触的光滑物体之间是有空气夹层的，如果没有空气夹层的话我们是不可能将光滑的物体从光滑的桌面上拿起来的。我们只有先克服大气压，用纸片盖住水面，但这样也会留下一个薄薄的空气夹层。

将水杯倒置过来，认真观察一下所发生的状况。由于水重力的作用，纸片中部会稍稍向下凸起，如果把纸片换成无法凸起的薄板，那么薄板肯定会从杯口坠落下来。

这表明杯底是有部分空间留给原本位于水和纸片之间的少量空气。这个空间比先前的要大，因为空气间隔增大，压力就会减小。所以作用在纸片上的压强有外部大气压、内部大气压和水的重量产生的压强。由于内外这两个压强均衡，所以只要对纸片施加一个微小的力，就足以让纸片掉落下来。

其实在水重量的作用下，纸片凸起的幅度并不大。含有空气的空间大小增加百分之一时，杯子里面空气的压强就会减小百分之一。如果纸片和水之间的空气夹层最初是 0.1 毫米，那么用 0.1 毫米乘以 0.01，也就是说 0.001 毫米即足以让纸片伏贴在倒置的杯口。所以，仅仅借助于内部气体，根本不需要外力，就可以让纸片凸起。

有些书籍要求做这个实验时杯子里一定要盛满水，否则实验不会成功，因为纸片的两面都有气体存在，而且两边的气压均衡，纸片会在水的重力影响下掉下来。但我们做完这个实验发现这种说法是站不住脚的。就算杯子里的水不满，纸片仍然牢牢地贴着杯口。把纸片抚平后，可看到杯中有一些小气泡。这说明，杯内的空气是很稀薄的，这才导致外面的空气透过水钻到水面上的空间内。显然，将水杯倒置，水会向下流，进而挤压空气，这样一来上层的空气就会变得稀薄。和盛满水的杯子相比，这里的空气更稀薄，将纸片折卷后透进水杯的气泡就能很好地表明这一点。空气越稀薄，纸片与杯口贴得越紧。

现在有人的脑海中或许会浮现出这样的疑问：为什么需要纸片来封住倒置的盛有水的杯子？难道大气压就不能直接作用在水上，从而阻止水流出来吗？

在回答这个问题之前，我们需要继续探讨一下纸片的

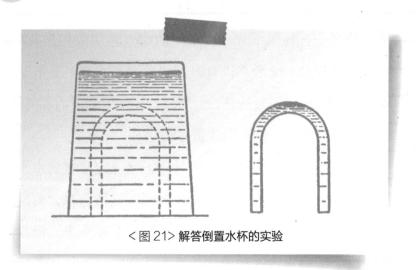

＜图21＞解答倒置水杯的实验

作用。

如图21所示，这是一根U型虹吸管，里面装满了液体，只要它两头的开口处在同一水平面上，里面的液体就不会流出来。但是，当它的两头不在同一水平面时，较低的端口处就会有水流出，两边液面的差距会越来越大，这样一来该液体也就流失得越来越快。

根据这个现象不难看出，纸片使得水面保持在同一个水平面上，从而阻止了杯中的水流出。如果我们把液体表面的两个点视作虹吸管的两端，其中一个点比另一个点低的话，杯中的水最终会流出来。

23 哪个含氧量更高

【题】我们人类会呼出气体，水中的鱼也会呼出气体，人类和鱼谁呼出的气体中含氧量更高？

【解】我们知道，我们人类所呼吸的空气中的含氧量约为 21%，而氧气在水中的溶解量是氮气的 2 倍。由此可见，溶解在水中的氧气比空气中的含氧量要高得多，约为 34%。

24 水中的气泡

【题】将一杯冷水拿到一间温暖的房间，杯子里会出现一些小水泡。你知道这是怎么回事儿吗？

【解】我们知道，冷水中的气泡在加热后会成为溶解在水中的部分空气。气体与固体的溶解性不相同，气体在温度升高的时候溶解性会减小。因此，在水受热时，之前溶解其中的部分气体会挥发出来，而剩余部分的气体则以气泡的形式存在。

下面是 1 升自来水在两种温度下的空气含量：

10℃	19 立方厘米
20℃	17 立方厘米

根据以上数据可知，在温度从 10℃升高到 20℃时，每升水大约能分解出 2 立方厘米的空气。如果水泡的平均直径为 1 毫米，这些空气大约能产生上千个水泡。

如果水是从自来水龙头中取来的，那么水泡的产生还有一个原因。由于输水管道中的水所受的压强大于一个大气压，因此水中溶解有比平常更多的空气，水从水龙头中流出来后，处在正常的气压下，这时水中有多余的空气逸出来，于是水中就会出现气泡。

25 水中的大象

【题】如图 22 所示，大象可以淹没在水中，把鼻子伸到水面上呼吸。但当人去模仿大象，将管子当成象鼻呼吸时，嘴巴、鼻子和耳朵却会出现流血的情况，治疗不及时的话甚至还会导致死亡，即便是最优秀的潜水员也

<图 22> 为什么人们不能模仿大象

难以幸免。这是为什么呢?

【解】在古代和中世纪,有人认为潜水员非常适合用这种方法潜水。格尤恩特在《征服深度》一书中这样写道:"以前人们认为,只要穿着特制的不透水的潜水服,并且保证潜水用的导管与水面相连,就可以潜入水下不受时间限制地自由漫步。"15世纪的一些图片证明这个观点的确存在过,并且,古希腊著名思想家亚里士多德也曾经比较过象鼻和潜水员的空气导管,他的观点给了我们一个启示。

如果上述说法是正确的,那么潜水员就不会遇到任何问题了。但很明显,实验推翻了这个说法。我们得知的情况是,早期的潜水员由于缺乏经验,每次潜水口耳鼻中都会出现出血的现象,并且会给他们造成严重的后遗症。

为什么会出现这种情况呢?第一次世界大战之前不久,维也纳学者什基格列尔对这种情况进行了解释。

　　将一根约30厘米长的粗管子插入嘴中，然后捏紧鼻子沉入水中，依靠管子来呼吸。只要做过这个实验就会知道，在水没过头几厘米时，呼吸就变得困难了。接下来将管子加长，继续往下沉，大概在水没过脑袋1米的时候呼吸就会完全停止。什基格列尔通过这个实验发现，人在60厘米深的水下只能停留3分钟，在1米深的水下只能坚持30秒，在1.5米深的水下只能停留6秒。如果将人置于2米深的水下，仅靠吸管呼吸的话根本无法适应，几秒钟后心脏就开始膨胀，之后将卧病在床三个月，严重者甚至出现生命危险。

　　那么怎样才能解释这一点呢？其实不难理解，人在执行这个行动时胸腔、肺部和心脏的表面都承受着外部空气的压力，除此之外，身体的表面还会受到来自上面水层的压力。这来自上面水层的压力不仅会导致呼吸困难，还会阻碍血液循环，将血从腹腔和四肢挤压出来，而且相应的血管也会受到挤压，导致心脏无法从中吸收血液。

什基格列尔用小动物做了一些实验，并得出了这样的结论："潜入水中一段时间后，血液循环功能会持续下降，脉搏出现了间歇和停跳的情况。这时如果继续下潜，所受到的外部压力继续加大，会造成四肢功能和胸腔器官衰退，心肺供血功能停止。最后，动物的胸部细胞也会受到挤压，呼吸会变得衰弱，直至停止。"

解剖上述实验中可怜的动物便会发现，它们的腹腔严重失血，在此处切开小口甚至没有血流出。然而胸部情况正好相反，因为充血过量导致心脏和大多数血管胀裂，肺

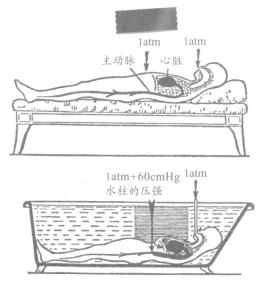

<图23> 人在空气中（上图）和浸在水中（下图）受到一个大气压（1atm）作用后，会有什么样的变化

部也如此。

根据这些实验可知，潜水员也会在外部压力大时出现肺部血管破裂、口鼻流血的情况。耳中流血是因为压力过大导致耳膜内充血（图23）。

可能有的人会问了，为什么我们能够潜入较深的水中，并且还能待上一会儿，而身体却不会受到伤害呢？这是因为潜入水下的情况并不完全一样。潜水员在跳水前，会吸入大量的空气，随着身体潜到深处，外部水给予肺部空气的压力会越来越大，与此同时它也在向外施压，这个压力与外部水的压力相等，所以潜水员的心脏内不会出现过量充血的现象。同样的道理，穿着潜水服的潜水员也会利用潜水服中的空气压力和水的压力相抗衡，从而使得身体不会受到伤害。

现在还有一个关于大象的问题，那就是为什么大象能将鼻子伸到水面呼吸而不会死亡。答案很简单，因为它是大象。如果我们也拥有像大象那样结实健壮的身体，自然也能潜入到这个深度而不受伤害。

26 抽水机的抽水高度

【题】如图 24 所示，水井里的抽水机能把水抽到多高？

<图24> 抽水机能把水抽多高

【解】很多教科书都指出，抽水机不会将水抽到超过抽水机以上 10.3 米。其实，10.3 米只是一个理论上的数值，实际上抽水机是无法将水抽到这个高度的。即使我们不考虑气体会不可避免地通过活塞和导管壁之间的缝隙渗透到泵中，也得考虑在通常情况下水中会溶解有气体这个因素。抽水机工作时，从水中逸出的空气会占据活塞下面被抽空

的空间，这些气体产生的压力阻碍抽水机将水抽到理论高度 10.3 米。在现实中，抽水机所能抽水的高度最多达到 7 米。

这个 7 米的数值可不容忽视，它是在实践中产生虹吸现象的关键，可以让水越过水坝或山丘之类的障碍物。

27 开水灭火

【题】开水比冷水的灭火速度更快一些，因为开水在灭火时能迅速形成水蒸气，水蒸气能迅速将火焰的热量带走，并在火焰周围形成蒸汽罩，使得空气难以到达火焰部分。那么，消防员能用水泵抽取所带的桶装开水，达到灭火的作用吗？

【解】消防员不能这样做。因为原来活塞下被抽空的空间会迅速被热水产生的水蒸气占据，使得里边的大气压正好与外面的相等，这样一来灭火泵是不可能抽出热水来的。

28 最大真空度

【题】在最先进的空气泵中，空气稀薄程度是外面空气的多少倍呢？

【解】在理想的状态下，最先进的空气泵能达到的最小压强为一千亿分之一个大气压，即：

1 : 100000000000atm

因长期使用而老化的真空电灯泡中的空气真空度也近似这个数值。这种真空电灯泡使用的时间越长，内部的真空度会越小，压强会越大，在燃烧 250 小时后，其压强差不多会变为之前的 1000 倍。

29 储气罐中只有一部分充满了气体

【题】储气罐中会出现一部分充满了气体，而另一部分是空的情况吗？

【解】我们习惯性地认为，气体会充满一个空间，不可能出现一部分充满了气体，而另一部分没有气体的情况。如果有人说储气罐中只有一部分充满了气体，我们会认为那是一个谬论。

其实，储气罐中可以只有一部分充满了气体，这种现象的存在是有依据的。下面我们就来探究一下其中的原因吧。假设在地面上放置一根立管，它一直延伸到离地面1000千米的高空处，将该管内部空间充气。气体位于该管下部600千米处，上部400千米处则没有气体，不管立管是开口状态还是封闭状态，结果都一样。可以说，有些时候，气体不会从敞开的容器中逸散出去。

当然，如果换成某些气体（特别是重气体），在温度极低的情况下，也能观测到这样的现象，利用一个几十米高的容器就有可能完成这个实验。

30 华氏温度计的由来

【题】为什么在华氏温度计中水的沸点被标为212°F？

【解】1709年西欧经历了一次寒冬，此前西欧已经很多年没有经历过这样的严寒了。当时，定居在波兰格但斯克的物理学家华伦海特为了发明自己的温度计，利用冷却氯化铵与盐的混合物获得了比那场严冬还要低的温度。这个温度被称为"第一恒定温度"。

此外，华伦海特还在牛顿等前人研究的基础上，利用人体的常温确定了第二恒定温度。当时人们认为，空气的温度永远不会超过人体血液的温度，否则将会对人类造成致命伤害。当然，我们现在知道这个观点是不正确的。

华伦海特最初将第二恒定温度标记为 24°F，正好与一天的小时数相等。但是经过实践检验，这个标度太大了。于是，华伦海特又将这个数值扩大了 4 倍，24 × 4=96，这样一来人体的温度被标识为 96°F。这就是第二恒定温度的分法。在此基础上，华伦海特又将水沸腾的温度标为 212°F。

很多人会有这样的疑问：为什么华伦海特不将水沸腾的温度定为恒定温度呢？这是因为华伦海特发现水沸腾的温度易于受到大气压的影响，当气压变化大时，所测得的温度也会出现较大的差异。与之相比，人体的温度变化则小得多，用它作为第二恒定温度显然更加可靠。需要说明的是，用当时的方法测得的人体温度要比用现在的方法测得的 35.5℃要低一些。

31 温度计刻度的长度

【题】水银温度计中刻度的长度是相同的吗？酒精温度计呢？

【解】众所周知，温度升高时液体的体积会膨胀，而且越接近沸点，膨胀率就越大。所以，根据温度计中液体的热膨胀程度，即可确定温度计中刻度的长度。

在水银温度计和酒精温度计的刻度长度上，我们很容易就能发现区别。日常生活中，温度的变化一般在 0℃～100℃之间。水银的沸点是 357℃，在 100℃时的膨胀率和 0℃时没什么差别，肉眼根本看不到，所以水银温度计在刻度上是均匀的，几乎没有变化。可是酒精温度计就不一样了，酒精的沸点是 78℃，与日常温度很接近，所以随着温度的升高酒精的膨胀幅度是很明显的。假设酒精在 0℃时体积是 100 个单位，那么 30℃时是 103 个单位，在 78℃时将超过 110 个单位。所以，酒精温度计的刻度是越往上间隔越大。

32 钢筋混凝土的热膨胀率

【题】钢筋混凝土在加热和冷却的过程中为什么不会出现钢筋和混凝土分离的情况？

【解】混凝土和铁的热膨胀率一样，都是 0.000012。所以它们在加热和冷却的过程中不会分开。

33 热膨胀率最大的物质

【题】哪种固体的膨胀率比液体的强？哪种液体的膨胀率比气体的强？

【解】固体中蜡的热膨胀率最大，其膨胀率比很多液体的都要大。蜡有很多种，它们的热膨胀率大致在 0.0003~0.0015 之间，是铁的 25~120 倍。

液体中，煤油的膨胀率为 0.001，水银的膨胀率则为 0.00018。由此可见，蜡的膨胀率要强于水银，有些蜡的膨胀率甚至超过了煤油。

液体中膨胀率最强的应该是乙醚，其膨胀率为 0.0016。但是，20℃状态下的 CO_3 的膨胀率是乙醚的 9 倍，此时它的膨胀系数为 0.015，是它在气体状态下的 4 倍。一般而言，液体的膨胀率在临界温度时会比该物质在气态时有明显的增长。

34 热膨胀率最小的物质

【题】哪种物质的热膨胀率最小？

【解】石英的热膨胀率最小，仅为 0.0000003，相当于铁的热膨胀率的 $\frac{1}{40}$。石英的熔点是 1625℃，如果把一个石英烧瓶加热到 1000℃，可以将其放入冰里，而不用担心其会损坏。

比石英的热膨胀率稍大一些的是金刚石，其膨胀率为 0.0000008，仍可以算作膨胀率很小的物质。

金属中膨胀率最小的物质是因瓦铁镍合金钢（该名称来源于拉丁语，意思是"不变的"），它含有 36% 的镍、0.4% 的碳和 0.4% 的锰。这种物质的膨胀率为 0.0000009，某些种类的甚至为 0.00000015，仅为普通钢热膨胀率的 $\frac{1}{80}$。即使温度发生再大的变化，这种钢的体积也不会出现明显变化。正是因为因瓦铁镍合金钢的膨胀率小，它常被用来制作如钟表齿轮类的精密仪器及一些长度测量工具。

35 反常的热缩冷胀现象

【题】你知道什么固体会热缩冷胀吗？

【解】一般而言，物质都是热胀冷缩。说到遇冷膨胀的物质，很多人会想到冰。但是不要忘了，液体水凝固的时候才会出现膨胀的反常现象，冰冷却时并不会膨胀，而是像大多数物质那样紧缩。

不过，的确存在一些固体，在低温状态下会膨胀，例如金刚石、铜的低价氧化物、绿宝石等。金刚石在 -42℃ 左右开始膨胀，铜的低价氧化物和绿宝石在 -4℃ 时开始膨胀。也就是说，这两种物质分别在 -42℃ 和 -4℃ 时密度最大，就像水在 4℃ 时密度最大一样。

在常温下，碘化银也是遇冷膨胀。而橡胶钉在被拉伸生热后不但不膨胀，反而会收缩。

36 铁板上的小孔

【题】在边长为 1 米的正方形铁片上，用放大镜可以看到一个 0.1 平方毫米左右（大约相当于头发丝的面积）的小孔。可以通过改变铁片的温度使这个小孔闭合起来吗？

【解】有人认为，将铁板加热到一定程度，上面的小孔就会由于热膨胀而消失。这种观点是错误的。任何加热都不会带来这样的效果。事实上，铁板上的小孔在加热的过程中只会变大，而不会减小。下面的推理能很好地说明这一点。如果上述观点成立，那么在给没有小孔的铁板加热的过程中，铁板膨胀后会挤向周边，于是会出现皱纹和间隙。而实际上，没有任何物体因为加热膨胀而出现皱纹和间隙。

由上述可知，带有小孔的铁板就像完好的铁板一样，在加热的过程中小孔只会变大。

以此类推，便可知道如容器、导管等带内腔的物体的热胀冷缩都是整体进行的。任何部位的热膨胀率都是一致的。

既然加热会使小孔变大，那么是不是意味着冷却会使小孔变小甚至消失呢？

答案是不能。物体在冷却的过程中会缩小，但并不会消失，小孔也一样，不会因为遇冷就消失。

在冷却时，铁板上的小孔并不会明显变小。铁的热膨胀率是 0.000012，而它冷却的极限是 $-273℃$。也就是说，铁板上的小孔只会缩小到自己原来直径的 0.000012×273 倍，即千分之三左右。这个微小的变化，凭借肉眼根本看不出来。

37 水管中气泡的变化

【题】水管中的气泡会随着温度的变化而变化，那么是在热天气泡更大呢，还是在冷天气泡更大呢？

【解】关于这个问题，有人会不假思索地答道：热天时气泡会更大，因为气泡里的气体会由于温度高而膨胀。但是须知，气泡处于封闭的环境下，受到的压力很大，是

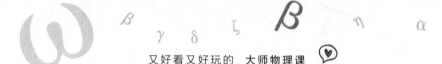

不可能膨胀的。在酷热的夏天，水管的每个部分都在受热膨胀，不过，相比于边框和玻璃管，水的膨胀要明显得多，而且还会压缩水中的气泡。

所以，水管中的气泡在热天反而比冷天时要小一些。

38 空气的流动

【题】下面一段话摘自科技杂志，描述了温暖的房间里气体交换的情形。

> 房间里的通风孔都是为了进行气体交换的。热气体从通风孔逃逸，紧接着新鲜空气会从门缝或者墙壁中渗入进来，占据之前热空气的位置。火炉上方开了一个小口，以保证良好的通风效果。众所周知，柴火的燃烧需要空气，所以房间里的空气会被吸入火炉里。燃烧后的混合气会直接顺着烟囱飞走，外面的新鲜空气将渗入进来占据房间里空出来的空间。
>
> 这段关于空气流动的说法正确吗？

【解】三百年前人们深信关于大气压的"真空恐惧"理论，该理论认为自然界的万物分为轻物和重物两种，其中轻物会上升，而重物会下沉。然而，事实上热空气并不是主动上升的，而是被下沉的冷空气挤压着被迫上升的。上面的说法把因果关系颠倒了。

托里拆利通过一个实验对"真空恐惧"理论进行了解释，尖锐地嘲弄了轻物上升的说法。他在《学术读书笔记》中这样写道：

有一天海洋女神们突然想编写一部物理教程，于是，她们在大洋深处开办了学院，并向海洋居民们讲述最基础的物理知识，就像今天的中学一样。敏锐的海洋女神们发现她们平时使用的物品分成两大类，一类会下沉，一类会上升。她们并没有考虑到环境的影响，就得出了这样的结论：金属、石头、土地等是重物，它们在海中下沉；空气、蜡、大部分植物等是轻物，它们会漂浮在海面……不过，海洋女神们忽略了一点，那就是一些东西对于她们来说属于轻物，但对我们来说属于重物。当然，这也可以理解，如果我生活在水银的海洋里，肯定也会得出相似的结论。我推论的依据是：在海洋里，除了金子，别的物质都是轻物，除非被海底的东西绑住，否则不可能沉到海底。同理，在蝾螈火怪（传说中生活在火里的一种生物）的眼里，所有的物体都属于重物，就连空气也不例外。

亚里士多德在其著作中也曾这样说过：自然中的重物都有下沉的趋势，轻物则有上升的趋势。当然，这样的结论和海洋女神们的结论一样，都只是通过感性认识得出的，并没有经过深入的理性思考。

托里拆利的观念在以后的几百年间仍然起着影响作用。至今，关于热空气上升，冷空气赶紧填充过来的说法还在误导着很多读者。

39 雪和木头的导热率

【题】假设木墙和雪层的厚度相同，哪个的隔冷效果更好？

【解】木头的导热率是雪的 2.5 倍，这也就意味着雪的保温能力要比木头好。所以说雪能为土壤保温，人们常把雪比拟为土壤盖的一层棉被。

雪之所以导热率低，是因为雪层松软，而且雪的内部空气占比达到了90%。这些空气储藏于雪的小冰晶内部，形成了很多气泡。

40 铜锅和生铁锅

【题】现有两只锅，其一为铜锅，另一为生铁锅。如果用它们加热食物，哪只锅会更快一些？

【解】铜的导热率是生铁的8倍，这也就意味着在相同的条件下铜锅能为食物传递更多的热量，所以用铜锅加热食物会熟得快一些。

41 为什么在有炉火的房间里会觉得热

【题】我们知道，热量会从高温物体传导到低温物体。可是，在有炉火的温暖的房间里，明明我们的体温比周围的空气还要高一些，却会觉得热呢？

【解】人体表面的温度在20℃～35℃之间，其中脚底的温度约为20℃，脸部的温度约为35℃。而温暖的房间的

温度最多只有 20℃，所以说不是屋子直接向人体传递了热量。那为什么人在有炉火的房间里会觉得热呢？原因在于身体表面的那层空气。它的导热能力很差，妨碍了体内热量的散发，也就是说不能让体内的热量散出去。而且，这层空气因为人肌体的温暖而变热，又被冷空气向上挤压出去，新来的空气又会重复同样的过程。在这个过程中，人体散热的速度很慢，所以我们在有炉火的房间里会觉得热。

42 河底的水温

【题】 河底的水温是夏天时高呢，还是冬天时高呢？

【解】 很多人认为，河底的水温常年为 4℃，因为在这个温度时水的密度最大。对于真正的淡水池和湖泊而言，这个说法是正确的。但是，河流的情况就不一样了，大多数人认为，河水温度的分布比较均匀，因为河水中既有上下纵向的对流，也有肉眼看不出来的横向对流。可以说，河水的每一部分都处在不停的运动中，所以河底的温度和河水表面的温度几乎是一样的。维利卡诺夫教授在其《陆地水文学》一书中这样写道："在所有的热交换中，河水的热交换速度很快，很快就可以达到河底。即便是在深水中，用精密的温度计也测不出不同水层间的温差。"

所以夏天时河底的温度更高一些，因为夏天的温度比冬天高。

43 河水为什么不结冰

【题】零下好几摄氏度时快速流动的河水为什么仍然不结冰呢？

【解】很多人认为，零下好几摄氏度时快速流动的河水仍然不结冰是因为有一部分水在运动。然而，事实上水分子时刻都在运动，速度甚至可以达到每秒钟几百米，因此即便河水以 1 ~ 2 米 / 秒的速度流动，也不会产生什么影响。况且，无论是涡流还是纵向的对流，是大量的水分子在运动，对单个水分子的运动不会产生影响，从而也就不会改变水的热状况。

不过，需要知晓的是，水的运动的确会让河流出现延迟结冰的现象，只不过原因并不在于它自身。快速流动的河

水不结冰，并不是因为严寒无法使水分子的运动停止，而是河水的流动使得河流表面较冷的水与底部温暖的水不停地交换，从而平衡了各水层之间的温差。河流表面的温度降到零下好几摄氏度时，表层水被混合到了底部较温暖的水中，于是表层水的温度又回到了零摄氏度以上。这样的循环周而复始。只有当河底的水温降到零摄氏度以下，河水才会结冰，这通常需要很长时间。而且，河水越深，所需的时间会越长。

44　加热的速度

【题】用煤油炉给水加热，水从10℃升到20℃快呢，还是从90℃升到100℃快呢？

【解】虽说温度升高时水的蒸发会加剧，导致水的总量会越来越少，但结果仍然是水温从90℃升到100℃所需要的时间比从10℃升到20℃所需要的时间长。原因就在于，从90℃升到100℃的过程中，炉火的热量不仅用来加快水的蒸发，还需要补偿水在高温下向周围散热的热量损失。相比从10℃升到20℃，水从90℃升到100℃的过程中释放的热量更多，所以虽然对水的加热是均匀的，但是水温越高，想要再提高就越慢。

45　烛火的最高温度

【题】烛火的温度最高可以达到多少?

【解】你或许想不到, 烛火的最高温度竟然可以达到 1600℃左右。通常情况下, 我们总是低估蜡烛等热源的温度。

46　为什么铁钉在烛火中不会熔化

【题】把铁钉放在烛火中, 为什么几乎没有熔化的迹象?

【解】或许有人会说, 这是因为火焰不够热。但是我们刚学过, 烛火的温度可以达到 1600℃左右, 比铁的熔点还要高出 100℃。按说温度已经足够高了, 但钉子为什么不会熔化呢?

原因就在于铁钉在受热的过程中也在向外散发热量, 它的温度升得越高, 热损失也就越大, 当它的热补给与热损失平衡时, 温度也就不再继续升高了。

如果真想让铁钉熔化，需要把它完全放在火里。当铁钉的温度最终与火焰的温度等同时，铁钉就会被熔化了。但是通常只是将铁钉的一部分放入烛火中，而留在外面的那部分会不断地释放热量。一般而言，铁钉热量的收入与支出很早就会出现平衡，这时铁钉的温度远在熔点之下。

所以，铁钉在烛火中没有被熔化并不是因为火焰的温度不够高，而是因为火焰没能将铁钉整个包住。

47 什么是"卡路里"

【题】在 1 个大气压下，1 克水从 14.5℃升到 15.5℃所需要的热量被定为 1 卡路里。你知道这是为什么吗？

【解】在不同的温度段，水温上升 1℃所需要的热量是不一样的。从 0℃加热到 27℃，水温每上升 1℃所需要的热量是逐渐减少的；从 27℃开始，水温每上升 1℃所需要的热量是逐渐增加的。所以，要想准确地定义卡路里，需要指出在什么温度下让水温升高 1℃所需要的热量。

按照国际惯例，1 卡路里是指将 1

克水从 14.5℃升温到 15.5℃所需要的热量。这是人们从 0℃
到 100℃的无数个温度间隔中测量了 150 次后得出的平均
值，然后选取了 15℃时的热量值，将之当作标准卡路里。
把水从 0℃加热到 1℃所需要的热量大约比从 14.5℃加热
到 15.5℃所需要的热量少 0.8%。

48 加热三种状态下的水

【题】加热相同重量的液态水、冰和水蒸气，使它们
上升同样的温度，哪一种需要的热量最少？

【解】加热液态水需要的热量最多，中间的是冰，加
热水蒸气需要的热量最少。

49 加热 1 立方厘米的铜

【题】加热 1 立方厘米的铜 [编者注：其比热容约为 0.4
焦耳 × 10^3/（千克·摄氏度）]，使其温度上升 1℃，需要
多少热量呢？

【解】很多人会根据铜的比热容，得出大概需要 0.4
焦耳。显然，这些人忘了比热容针对的是质量，而不是体积。
所以使 1 立方厘米（密度为 9 克 / 立方厘米）的铜温度上

升 1℃所需的热量为 9×0.4=3.6 焦耳，而不是 0.4 焦耳。

50 熔点最低的金属

【题】 常温下，哪种固体金属的熔点最低？

【解】 常温下，一种叫作伍德易合金的东西熔点较低，其中含铋 15%，含铅 8%，含锡 4%，含镉 4%，在 70℃ 的时候会熔化。此外，还有一种熔点更低的金属叫立波维茨合金，它与伍德易合金的区别在于含镉量更低，只有 3%，它在 60℃ 的时候会熔化。

其实这些合金的熔点不算很低，还有一些金属的熔点更低，比如铯的熔点只有 28.5℃，镓的熔点只有 30℃。可以说，将它们含在嘴里就可以让它们熔化。

金属铯是 1860 年发现的，但直到 1882 年这种矿床才被大量发现。

金属镓是 1875 年被发现的，在元素周期表中位于第 31 位，它的价值甚至涨到了黄金的 100 倍。现在，金属镓可以从镓矿

中提炼出来，这意味着它将来可以被广泛应用于工业领域。

开始时，金属镓作为水银的替代品被应用到了温度计中，现在它主要被用来生产半导体材料。它的熔点只有30℃，但沸点却高达2300℃。也就是说，金属镓的液态范围是从30℃到2300℃。虽然理论上可以用熔点高达3000℃的石英做温度计，但制造镓温度计更现实，而且它在技术上已经实现了。这种温度计的测量范围高达1500℃。

51 熔点最高的金属

【题】你能说出几种熔点很高的金属吗？

【解】之前熔点为1800℃的金属铂已经不是最难熔化的金属了，因为后来发现的很多金属的熔点比它要高500℃到1000℃，甚至更多。比如：

铱——2350℃

锇——2700℃

钽——2890℃

钨——3400℃

目前所知的金属中，钨的熔点最高，它主要被用来制作灯丝。

52 受热的钢材

【题】为什么钢材的结构在火灾中会毁坏，而钢本身却不会熔化呢？

【解】在高温下，钢条的刚性会大幅下降。在 500℃ 时它的刚性会降到 0℃ 环境下的不到一半，在 600℃ 时下降到 $\frac{1}{3}$，在 700℃ 时则会下降到 $\frac{1}{7}$。换言之，如果 0℃ 时钢材的刚性是 1 的话，那么在 500℃ 时就是 0.45，在 600℃ 时就是 0.3，在 700℃ 时就是 0.15。所以在火灾中钢材的结构会因为承受不住自身的重力而倒塌，但并不会熔化。

53 冰里的水瓶子

【题】（1）将一个装满水的瓶子放入冰里，它能不破裂吗？

（2）将一个装满水的瓶子放入 0℃ 的冰里或者 0℃ 的水里，哪种情况下瓶子里的水结冰更快？

【解】（1）如果瓶子里的水结冰，瓶壁会因为冰的膨胀而崩裂。但是，温度降到 0℃ 以下时，瓶子里的水并不一定结冰，因为每克水结冰时大约释放 320 焦耳的热量。

由于瓶子周围都是0℃的冰，和瓶子里面的温度一样，所以无法进行热传递。也就是说，水在0℃时的热量传递不出去，就会仍然保持液体状态，瓶子也就不会损坏。

（2）这两种情况下水都不会结冰。当瓶子里水的温度也是0℃，瓶子内外的温度一致时，是无法进行热传递的，它不能提供给周围的环境融化的潜在热量。所以，瓶子中的水只会保持在0℃，并不会结冰。

54 冰能沉到水底吗

【题】冰在纯水中会下沉吗？

【解】通常情况下，冰会漂浮在水上，因为冰在0℃时密度为0.917克/立方厘米，比水的密度小。如果给水加热，它的密度会减小，在100℃时为0.96克/立方厘米，在这样的水中冰块会渐渐融化，但依然会漂浮着。在高压条件下继续给水加热，到150℃时水的密度为0.917克/立方厘米，这时冰会悬浮在水中。再继续给水加热，到

200℃时水的密度为 0.86 克 / 立方厘米。
这时水的密度比冰小，于是冰会沉
入水底。

我们平时所见的冰只是水的
一种固体形态而已，在不同的大
气压下所形成的冰与普通的冰并
不相同。英国的物理学家布列日曼在
3000 个工程大气压的高压范围里发现了六种不同的冰，并
称它们为"冰 1""冰 2""冰 3""冰 4""冰 5""冰 6"。
他发现：

冰 1，比水要轻 10% ~ 14%

冰 2，比水要重 22%

冰 3，比水要重 3%

冰 4，比水要重 12%

冰 5，比水要重 8%

冰 6，比水要重 12%

不难看出，只有一种冰的密度比水小，其余五种冰的
密度都比水大。冰 2、冰 4 和冰 6 甚至会沉到密度为 1.11
克 / 立方厘米的所谓"重水"下面。

55 管道里水的结冰

【题】地下管道里的水在最寒冷的天气里不会结冰，但是到了解冻时却会结冰，这是为什么呢？

【解】这种现象应该与土壤的热传导率低有关。热量在土地中传递比在地表传递要缓慢得多，而且深度越大，热传递就越缓慢。因此常会出现这样的情况，在寒冷的天气里埋在深层土壤中的管道还没有来得及降到0℃以下，这里的水当然不会结冰，而到解冻期到来的时候，寒冷才缓慢地传导到地下，地下的温度达到了最低，使得管道冻住。此时，地面上却迎来了解冻。

56 冰到底有多滑

【题】人能在冰上滑行是因为冰在受到很大的压力时熔点会降低。其熔点降低1℃需要130牛的压力，如果想在–5℃时滑冰，滑冰者需要给冰施加5×130=650牛的压力。然而，冰刀和冰面接触的面积不超过10平方厘米，滑冰者落在每平方厘米上的重量不过10～20千克力。因此，滑冰者给予冰面的压力是不可能使冰的熔点降低5℃的。

那么人为什么能在 -5℃以下的低温中滑冰呢?

【解】这道题并不复杂,因为冰鞋的刀刃与冰面接触的面积并没有那么大。实际上,它们接触的面积只有几个突出的点,总面积绝不会大于 0.1 平方厘米,也就是 10 平方毫米。如果滑冰者重 60 千克力,那么他给冰面带来的压强大约是 60÷0.1=600 千克力 / 平方厘米,远远满足了理论上实现融化冰面的要求。

同理,当雪橇载着 0.5 吨的行李在雪面上滑行时,雪橇和雪的真实接触面积是不会超过 5 平方厘米的,产生的压强大于 1000 个工程大气压。

当然,如果天气足够寒冷,冰鞋的压力可能不足以用来降低冰的熔点,这时滑冰或者坐雪橇就会变得很困难。

57 干冰

【题】什么是"干冰"?它为什么被这样称呼?

【解】"干冰"就是固态二氧化碳。如果把液态的二氧化碳封闭在一个有着 70 个工程大气压的瓶子里,之后把强烈蒸发的一部分气体放走,剩下来的就是冷凝下的疏松的

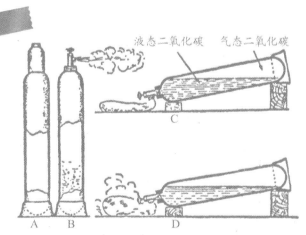

液态二氧化碳　气态二氧化碳

<图25> A：在封闭的罐子里装着液态二氧化碳，液体下面是气态二氧化碳；B：把罐子的阀门打开，由于压力降低液体沸腾起来；C：让罐子倾斜，以便把液态二氧化碳倒进绑在阀门上的袋子里；D：袋子被二氧化碳的冷凝蒸气所填充，进而里面会剩下冷凝的固体

雪状物。将这些雪状物压缩，它会变成像冰块一样的固体物质，这就是"干冰"（图25、图26）。干冰有一个特性，那就是它被加热后不会成为液态二氧化碳，而是直接升华为气体。也正因此，干冰被用来制造成冷凝剂，对物品进行冷冻，它不会使物品受潮，"干冰"的名字也是由此而来。

干冰还有一个优点，那就是它的

<图26> 从装有二氧化碳的袋子里倒出疏松的雪状物，将之压紧后就出现了"干冰"

制冷效果好，几乎是普通冰的15倍。而且，干冰的蒸发很慢。存放水果的车厢中如果带有干冰，那么可以让水果保存10天左右。

58 水蒸气有颜色吗

【题】水蒸气是什么颜色的？

【解】很多人认为水蒸气是白色的，但事实上水蒸气没有颜色，是完全透明的。我们平时见到的白雾其实不是气态的水蒸气，而是雾状的小水滴。同样，云也不是由水蒸气凝聚成的，而是由无数细小的水滴构成的。

59 利用蒸汽加热

【题】用100℃的水蒸气可以把水加热到沸腾吗？

【解】当水温低于100℃时，100℃的水蒸气才会把热量传递给水。当水温和水蒸气的温度相等时，水蒸气就会停止对水的热传递。因此，100℃的水蒸气可以将水加热到100℃，但无法让水汽化，水也就不会沸腾。

总而言之，100℃的水蒸气可以让水达到沸腾的温度，但无法让水汽化。

60 手上沸腾的茶壶

【题】如图 27 所示，将刚沸腾的茶壶从火上拿下来，据说可以直接将它放在手掌上面，而不会烫伤手掌。几秒钟后，才会有灼热感。我并没有做过这样的实验，但我有个胆大的学生这样做过，并且证实了这一点。

<图 27> 将手放在沸腾的壶底，手不会被灼伤

该怎么解释这种现象呢？

【解】题目中描述的现象虽然是事实，但是对它的解释并不完全正确。很多人认为，手感受不到沸腾的茶壶的热量，是因为为了保证沸腾，热量在壶底的传导受到了影响，从而降低了壶底的温度。沸腾一旦停止，手就能感觉到烫了。这样解释并不正确，因为手摸到茶壶的侧壁会被烫伤。而且，因为汽化作用，壶底的温度不可能比壶内的温度还要低。此时壶里的水温大概是 100℃，这个温度足

以将手烫伤了。

真正的原因是水壶刚烧开时，壶底布满了小气泡，它们的隔热性能极好。当手触碰壶底时，壶底铝的热容量较小，能够很快与手的温度平衡，而且，壶中水的热量被壶底的气泡隔绝了，导致手没有灼热感。等壶底的温度降下来，气泡消失了，热量就会传递到手上，而手就会有灼热感了。

需要指出的是，只有底部平整光滑的壶才能用来进行这样的实验，如果壶底脏兮兮的并且粗糙不堪，是不会出现这种现象的。

61 炸和煮

【题】为什么油炸的食物比水煮的食物好吃？

【解】油炸的食物之所以比水煮的食物好吃，并不在于油炸食物用的油更多，而在于烹饪的过程有区别。不管是水还是油，在超过各自的沸点时都会沸腾，但水的沸点是100℃，而油的沸点是200℃（家庭主妇们很清楚被热油烫伤的感觉）。而高温会使食物中的有机物变得更好吃，所以油炸的食物比水煮的食物更好吃。

62 手里的热鸡蛋

【题】为什么刚从沸水里取出来的鸡蛋不是很烫手（见图28）？

<图28> 从沸水中取出来的鸡蛋不会烫伤手

【解】我们把煮熟的鸡蛋从水里取出来时，鸡蛋又湿又热。水分蒸发时带走了大量热量，这样鸡蛋表面的温度就会降低，所以手感觉不到烫。但是，一旦鸡蛋的表面变干，手立马就能感觉到烫。

63 风和温度计

【题】在寒冷的天气里风会对温度计产生影响吗？

【解】尽管风看起来会使温度计冷却，但在温度计干燥的情况下，风对它是没有任何影响的。风的确对动物的有机体会产生影响，但它对自然仪器不会产生影响。当然，风会使我们的身体感觉到严寒，这是因为风带走了身体表层带有热量的空气，吹走了身体周围的湿气。在这种情况

下，寒冷的空气会取而代之，于是我们便会感到寒冷。但是，干燥的温度计并不会受到风力的影响。

64 火药和煤油燃烧时产生的热量

【题】相同质量的火药和煤油被点燃后，哪一个产生的热量较多？

【解】很多人认为，物质爆炸的强烈作用是因为其内部释放了巨大的能量，其实这种观点是不对的。很多物体爆炸时释放的热量还没有生活中的一些燃烧物释放的热量多。比如燃烧 1 千克的下列火药释放的热量是：

黑烟火药	3000 千焦
无烟火药	4000 千焦
无烟硝化甘油	5000 ~ 6000 千焦

我们再来看看燃烧 1 千克的普通燃料释放的热量：

干柴	13000 千焦
煤	30000 千焦
石油	44000 千焦
煤油	45000 千焦

当然，我们不能直接将这两组数据进行比较，还应该把物体爆炸时消耗的氧气计算在内。物体燃烧消耗的氧气的质量同样也应该被计入可燃物的总质量中，这个附加的质量通常是燃烧物本身质量的 2 ～ 3 倍。比如，燃烧 1 千克的煤会消耗 2.2 千克氧气，燃烧 1 千克的石油会消耗 2.8 千克氧气。当然，这只是从理论上讲，实际上消耗的氧气会更多。

这样修正一下以后，还是比物体爆炸释放的热量要高。比如，修正后的煤的燃烧值依然是火药的 3 倍，显然用火药取暖是不合算的。

说到这里，大家自然会产生一个疑问：既然爆炸物释放的热量有限，它为啥会产生那么大的破坏力呢？其实这是由燃烧速度决定的。也就是说，爆炸是在非常短的时间内将较少的能量释放出来，进而在很小的空间内形成强大的气流，能够给炮弹大约 4000 个大气压的推动力。假如火药燃烧得很慢，那么还没等炮弹滑出炮膛，燃料就会被消耗殆尽；假设气流不能快速形成，炮弹受到的压力就很小，速度也会低。的确，火药的燃烧是在还不到百分之一秒的时间里完成的，形成的气流能够带给炮弹巨大的推动力。

65 火柴燃烧的热量

【题】火柴燃烧的功率是多少?

【解】这个问题是物理学领域的重要问题。我们来看看燃烧一根火柴释放多少热量，并来计算一下火柴的功率。

人们认为火柴释放的能量很微弱，然而事实并非如此。用精密的仪器能测量出一根火柴大约重 0.1 克，如果没有精密的仪器的话，可以先测量出火柴的体积，然后乘以其密度 0.5 克 / 立方厘米。制作火柴的原木重 1 克，燃烧时大约释放 12500 焦耳的能量，所以燃烧一根火柴大约释放 1250 焦耳的能量。燃烧一根火柴大约耗时 20 秒，那么每秒钟释放的能量约为 $1250 \div 20 \approx 63$ 焦耳。也就是说，火柴燃烧的功率大约是 63 瓦，而一般电灯泡的功率为 50 瓦。

同样，我们还可以计算出一支

烟卷的功率大约是 20 瓦。

66 用熨斗清除油斑

【题】用熨斗可以清除衣服上的油斑，你知道其中的原理吗?

【解】用熨斗可以清除衣服上的油斑，是因为液体表面的张力会随着温度的升高而减小。麦克斯韦在其《热学原理》一书中说："如果油斑的不同部位温度不同，那么油斑会从高温的地方向低温的地方滑动。把衣服的一面贴在滚烫的熨斗上，另一面贴一张白纸，那么油斑会浸到白纸上。"

因此，用熨斗清除油斑时，要把吸收油斑的材料放在熨斗的另一面。

67 食盐的溶解率

【题】食盐在 40℃的水里溶解率大呢，还是在 70℃的水里溶解率大?

【解】很多固体在水中的溶解率会随着水温的升高而

升高。例如，糖在0℃的水温中溶解率为64%，在100℃的水温中溶解率为83%。

但是，食盐比较例外，它在水中的溶解率受温度变化的影响很小。在0℃的水中，它的溶解率为26%；在40℃和70℃的水中，它的溶解率都是27%；在100℃的水中，它的溶解率为28%。

68 雷电

【题】你能根据打雷和闪电推测它们和你之间的距离吗？

【解】雷声与我们平时听到的声波不一样，它是一种振幅超级大的叫作爆炸波的声波。爆炸波和普通声波的最大区别是它在振动的末期迅速散为声波。这种声波刚开始扩散的速度比普通声波要快得多，但持续不了多久，便会随着爆炸波能量的降低而迅速下降。在导管中进行的爆炸波传播速度的实验显示，爆炸波的初始速度为12～14千米/秒，大约是声速的40倍。

爆炸波以初始速度穿越大气层时产生的就是闪电，由于其速度比声速要快得多，所以会导致啪啪声。

一般而言，雷声有低沉的前奏。但是，如果爆炸波还没有演变成普通声波，那么我们就会在闪电的同时或者闪电过后突然听见炸雷。这通常预示着暴风雨要到来了。

还有一种雷通常在闪电之后几秒钟才会传来，声音忽强忽弱，听起来就像车轮滚动的声音，这种雷就是闷雷。有人可能会认为可以根据闪电和闷雷之间相隔的秒数，来推算暴风雨和自己的距离，这种想法是错误的。这是为什么呢？刚才说过，雷声在初始阶段远比声速快，到了传播末期才转化成普通声波。

需要注意的是，利用声波是可以测量大炮的距离的。炮弹发射后所产生的爆炸波在炮弹离开炮膛 2 米后，就转化成了普通声波，所以，我们可以用间隔时间（看到炮火与听到炮声的时间差）× 声速来推测炮管的距离。

69 声波的压强

【题】 声浪压迫鼓膜的力量是多少？

【解】 耳朵能听见的声音的压强最低约为 0.05 帕斯卡。声音增大时压强甚至会增加百倍千倍，但是声波的压强变化并不大。经测算，在喧闹的城市大街上，声音带给耳朵鼓膜的压强为 $\frac{1}{100000}$ ~ $\frac{1}{50000}$ 个大气压，也就是 1 ~ 2 帕斯卡。

下面是一些工厂车间里的噪声产生的压强（单位：帕斯卡）：

抛光车间——0.7

斩截车间——0.75

白铁车间——0.8

自动六角车床车间——1.35

铁丝螺钉车间——1.5

锅炉车间——1.7

轧钢车间——1.85

锻造车间——1.9

冷凝车间——2.6

当声波的压强达到大气压的四分之一时，有可能振破鼓膜。在工业生产中，对人耳有害的噪声在 0.3 帕斯卡以上。

70 为什么木门可以挡住声音

【题】通过木头传播声音要比通过空气传播声音的速度快。你要是不认同这一观点的话，可以做个实验：把耳朵紧贴在圆木的一端，用手在圆木的另一头轻轻地敲一下，立马就能清晰地听到敲击的声音，这证明木头的传声效果的确很好。可为什么房间的木门一旦关上，就听不到房间内的谈话呢？

【解】因为通过木头传播声音要比通过空气传播声音的速度快，所以木门将声音隔绝的现象的确很奇怪。声波从空气进入木头时，会向偏离法线的方向发生折射。因此，这时声音会出现"临界角"。根据最大折射率定律可知，这个临界角非常小，这也就意味着只有极少一部分落在木头表面的声波能穿过木头，其余的声波都被反射到空气中了。这就是木门隔绝声音的原因。

71　壳状物里的巨大声响

【题】为什么把碗或贝壳放在耳边时能听见里面发出的巨大声响？

【解】之所以会出现这种现象，是因为壳状物是一个共鸣腔，能够聚集我们平时听不到或不在意的声音。这种声音听起来就像海浪涌来一般，人们凭借丰富的想象力，据此编出了好多关于壳状物的传说故事。

72　消失的声音到哪儿去了

【题】当声音越来越小时，这些声音都到哪儿去了呢？

【解】当声音减小时，声波的能量转化成了空气分子的热运动和墙壁的振动。如果房间里的空气分子之间没有摩擦，而且墙壁弹性十足，那么房间里的声音永远也不会停止。事实上，在普通的房间里，声波会在墙壁间反射两三百次，并且每次反射它的能量都会损失一部分，最终被墙壁吸收，使墙壁的温度增加。当然，这部分热量很微弱，我们根本察觉不出来。一位歌唱家要不停地歌唱一昼夜才能传递 1 焦耳。关于这种微小的热量，诺尔顿教授在其《物理学》一书中这样写道："1万个人用尽力气大喊，才能点亮一盏电灯。他们大喊的热情持续多久，这盏电灯就能亮多久。"

还有一个难以回答的问题："光波跑到哪里去了呢？"特别是看到夜空中的繁星时，这个问题就更难解释了。

73 光是可见的吗

【题】你能看见光线吗？

【解】很多人十分确信自己能看见光线，如果告知他们光线不可能被看到，估计他们会万分吃惊。我们以为自己看到了光线，其实我们所看到的只是被光线照亮的物体而已。光是个神奇的东西，它使得其他物体被看见，而它自身却不会被看到。约翰·赫歇尔（编者注：威廉·赫歇尔的儿子，杰出的天文学家）曾经撰文指出：

光使得视觉得以形成，但它自身却不可见。人们认为自己看见了光，那很可能是透过墙上的小孔射进

黑暗房间的光线，或者是火烧云边的一条光带，又或者是穿过云层的太阳光芒。要知道，这些时候我们看到的都不是光，而是光打在尘埃和雾滴上反射出来的结果。我们生活中常见的玻璃灯罩放射的光也是雾滴反射出来的结果。

月球因为反射了太阳光才得以被我们看到。我们确信月球沿着其运行的轨迹走到我们能看见它的地方，我们就一定能看到它。而且，如果眼睛在月球那里（那里没被地球挡住太阳光），我们就能看见太阳。由此可知，太阳光在任何一个地方都是存在的，但是它自身是不可见的，相对于太阳和星星等，都只是一种过程。所以当我们于漆黑的夜晚仰望夜空，尽管我们知道全部空间都被各种光线占据，但我们依然身处于一片黑暗之中。

有些人认为这种观点不正确，并拿星星进行反驳。他们认为我们能清晰地看到星星发出的光，交汇到眼睛里的所有光点分割成一条条光线，引领着我们去寻找遥远的发光体。然而，这只不过是一种假象而已。

事实上，我们所看到的星光，不过是眼睛的晶状体折射光线的结果。达·芬奇说过，如果我们透过像针尖那样的小孔去看星星，那么根本看不到星光。这时，星星就像明亮的灰尘一样。在这种情况下，微弱的光束和辐射结构是无法穿过晶状体的中心部分进入眼睛的。那些在眼前交错的光线，不过是光透过睫毛衍射的结果而已。

74 在月光下读书

【题】凭借月光能读书吗？

【解】很多人一看到这个题目就会想当然地认为明亮的月光可以用来读书。但事实上，在月光下并不能读书，尽管很多小说中曾经描绘过这样的场景，但我们尝试过在明亮的月光下读书，结果发现书上的字迹根本辨识不清。要想阅读平常书本的文字，需要的光照强度应该不小于40勒克斯。如果字号更小，那么需要的光照强度应该不小于80勒克斯。但在明朗的夜空下，月光的强度也只有0.1勒克斯，这个强度相当于3米外的一根蜡烛。显然，在月光下无法进行阅读。

75 黑丝绒和白雪比亮度

【题】阳光下的黑丝绒与月光下白色的雪，哪个更亮？

【解】曾经流行这样一句话："没有什么东西比黑丝绒更黑，也没有什么东西比白雪更白。"事实果真如此吗？我们用物理仪器测量后发现事实并非如此，因为阳光下最黑的黑丝绒比月光下最白的雪要亮。

再黑的东西也无法将照射在其表面的光全部吸收，就连我们所熟知的最黑的黑炭和乌金，也会反射大约 1% ~ 2% 的光。这使得它们看上去并没有想象中那么黑。虽然它们无法和 100% 反光的雪（有些夸大，雪的实际反光率约为 80%）相比，但是，要知道，太阳光的光强是月光的 400000 倍。所以，黑丝绒所反射的 1% 的光，要比雪花反射 100% 的月光密集几千倍。也就是说，阳光下的黑丝绒比月光下的白雪要亮好几千倍。

除了雪，其他白色的物体，如最亮的钛白粉 TiO_2 和锌钡白 $BaSO_4+ZnS$ 等也适用于上述结论。没有被加热时，它们发出的光不会超过照射到它们表面的光，何况月光的光强仅是太阳光光强的 $\frac{1}{400000}$。所以，虽然从客观上讲这些颜料及雪在阳光下比黑色的颜料要亮，但是放在月光下的话就不行了。

76 恒星和烛火

【题】一颗一等星与 500 米外的一支燃烧的蜡烛，哪个发出的光更亮呢？

【解】一支燃烧的蜡烛所发出的光要比恒星明亮十万倍。将蜡烛放在 500 米外时，一等星和蜡烛的光强才能够持平，大约是 0.000004 勒克斯。

77 月球是什么颜色

【题】在我们看来，月球是白色的，但如果用天文望远镜观测的话，我们会发现月球的表面像一层石膏。天文学家则认为月球的表面是暗灰色的。为什么关于月球会有

三种说法呢?

【解】对于照在自己表面的光，月球只能反射 14%。或许天文学家正是据此称月球表面是灰色的。但是对于我们来说，月球分明呈现出一片白色。

对于这种情况，金塔尔在他的光学讲义中给出了详细解释：

照射到物体上的光分成两部分，一部分被吸收了，另一部分则要从物体表面反射回来。如果照射物体的光是白色的，那么从物体表面反射回来的光也是白色的。比如太阳光，即使它照到黑色的物体上，反射出来的光仍然是白色的。烟囱里的黑烟被太阳光照亮时，烟尘中的小粒子反射回来的光射进黑暗的屋子里，依然是白色的。月亮正像诗人所描述的那样：

"它穿着天鹅绒，高贵、美丽而神秘……"

就算月亮真的穿着黑色的天鹅绒，它看起来仍像一个银盘。

当然，还有一个原因，那就是在漆黑的夜空中，再微弱的光源看起来也很明亮。

78 雪为什么是白色的

【题】雪是由透明的冰晶组成的，可它为什么呈现白色呢？

【解】雪和玻璃的碎屑都是白色的，其他透明物质的碎屑也是白色的。用刀去刮无色的冰块，会得到白色的冰碴，这是因为光线照射在这些冰碴上，并未穿透其中，而是在冰碴里不停地反射。这些来自不同方向的光线交织在一起，在人眼中呈现的就是白色。

这表明，雪本来并没有颜色，但因为它具有分散性，所以会呈现白色。如果将雪屑的缝隙里填上水，我们会发现雪不再是白色，而是变成了透明的。冬天下雪时，我们将雪装进罐子里，再往里面倒水，就能清楚地看到雪立马变成了无色透明的。

79 擦亮的靴子会闪光

【题】为什么靴子被擦干净后会出现闪光的现象？

【解】黑色的鞋油和刷子本身并不能产生光泽，所以很多人会困扰于为什么鞋子擦后会变得闪亮，下面我们就

来探寻一下其中的原因吧。

要想搞清楚这个问题，需要了解抛光表面和磨砂表面的区别。大家都知道，抛光的表面非常光滑，磨砂的表面则很粗糙。其实这种认知并不准确，因为绝对光滑的表面并不存在。如果我们用显微镜观察抛光过的表面，如图 29 所示，我们会发现被放大 1000 万倍后，这个光滑的表面成了丘陵地带。

灰尘

<图 29> 如果人被缩小一千万倍，那么被抛光过
的小铁片看起来就像丘陵地带

可见，不管表面是抛光的还是磨砂的，其实质都是粗糙的，只是粗糙的程度不同罢了。如果这些"丘陵"最高点到最低点的距离比照在上面的光线的波长短，光线就会反射回来，而且反射的光线呈规律的平行状态，这样物体的表面会变得像镜子一样，我们称其为抛光表面。如果"丘陵"最高点到最低点的距离比照在上面的光线的波长要长得多，那么光线的反射就是散乱不规则的，不能形成镜子

般的闪光效果，我们称其为磨砂表面。

由此可知，同一个表面在接受了不同的光照后会呈现出不同的效果，被一些光线照射后会形成抛光面，被另一些光线照射后可能又会形成磨砂面。光的平均波长为0.0005微米，如果物体表面的最高点到最低点的距离小于这个数值，那么就能成为抛光面。对于波长更长的红外线来说，这样的表面同样也是抛光的，但是对于波长非常短的紫外线来说，它就会成为粗糙表面了。

现在我们回到为什么鞋子擦过后会闪光的问题上来。鞋子没被擦鞋油时表面会凹凸起伏，其最高点到最低点的距离要大于可见光波，于是就显得灰暗。鞋子表面刷上油后，会减缓起伏的程度，使其变得更加平整，这样其起伏的程度就会小于可见光波，皮鞋的表面就会成为光表面，鞋子当然会变得闪亮起来。

另外，像绸缎等纺织品的闪光，解释起来会更复杂一些。

80 彩虹中有几种颜色

【题】太阳光和彩虹分别有几种颜色？

【解】大家普遍认为太阳光和彩虹都有 7 种颜色，其实这是错误的认知。如果你去观察太阳的光谱，你会发现只有 5 种基本的颜色，即红、黄、绿、蓝、紫。

这 5 种颜色之间并没有严格的界限，也就是说，它们之间会发生渐变，出现红黄（橘黄色）、黄绿、绿蓝、蓝紫（深蓝色）等渐变色。这样一来，你既可以说太阳有 5 种颜色，也可以说它有 9 种颜色。

可是，为什么人们通常认为太阳有 7 种颜色呢？刚开始的时候牛顿也只是区分了 5 种，他曾在《光学家》一书中这样描述道：

> 在光谱中，红色的折射率最低，处在最上端，紫色的折射率最高，位于最底端，中间有黄色、绿色和蓝色。

后来，牛顿又在 5 种基本色的基础上增加了两种颜色，以便和基本音阶的数量相对应。这其实是一种没有任何根据的做法，占星术的色彩很浓，这使我们联想到流传于古代的 "球体缪斯" 和 "第七重天" 这两种传说。

我们再来看一下彩虹，其实彩虹连5种颜色都没有。我们平时观察到的彩虹只有3种颜色，即红色、绿色和紫色。偶尔，我们还能隐约看到黄色，甚至还会看到一条很宽的白色光带。

但是，关于光谱的7种颜色说已经深深地印在我们的脑海中。现在，中学的书中还是坚持这种说法，不过大学的课程中已经消除了这种说法。

其实，要想观察到5种颜色也不容易，需要一定的前提条件。在光谱中，我们能分辨出的只有3种颜色，即红色、黄绿色和蓝紫色。实验证明，如果对光谱中的色彩加以鉴别的话，能分辨出150多种颜色。

81 让金子变成银色

【题】你知道在什么情况下金子会呈现银色吗？

【解】要想让金子失去金黄色，需要用能滤掉黄光的东西去观察它。牛顿曾做过这样的实验，他用一个东西将黄光挡住，再用透镜将其他通过的光收集起来。对此，他这样写道："要想让金子呈现银色，让缺少黄光的光线射入透镜即可。"

82 在日光和灯光下

【题】印花布在日光下呈现淡紫色，在夜晚的灯光下却呈现黑色。这是为什么呢？

【解】跟日光相比，灯光发射出的蓝光和绿光相对较少。因此，在灯光的照射下，淡紫色的印花布所反射出来的光线并不会收到，这导致没有什么光线反射到人眼中，所以它会呈现黑色。

83 红色信号灯

【题】铁路上的停车警示灯都是红色的，你知道这是为什么吗？

【解】红光的波长较长，这使得它不易于被空气中的粒子散射，相较于其他色光来说传播得更远。为了保障交通安全，需要在很远的距离上就能看到紧急情况的提示。比如，火车司机遇到障碍时，需要在很远的地方就开始刹车，所以，红色自然成了首选。

红光由于穿透性强，也被用作灯塔光源。在大雾天，红色的信号灯能在 4 千米外被看到，而白色的信号灯在 2

千米外就看不到了。

大波长光线的另外一个重要
应用方面是天文摄影，比如红
外望远镜和滤光镜。普通的摄
像机只能拍摄行星的大气层，不

能拍摄行星表面的具体情况，而红外线摄像机能将行星表
面的细节清晰地呈现出来。

此外，红外线摄像技术还被应用在军事领域，可以从
飞行的高空对远方的敌对区进行观测和拍摄。

84 什么东西最黑

【题】你知道什么东西最黑吗？

【解】我们习惯上把没有任何光线照进眼睛的事物叫
作黑色。但严格来说，自然界中并没有黑色的东西。我们
平时见到的所谓黑色的东西，比如黑炭、黑金、氧化铜等，
其实都不是黑的，只是某一部分没有被光照射而已。

那么，什么东西最黑呢？答案是窟窿。没想到吧？

需要注意的是，这里并不是指所有的窟窿，而是有一
定条件的。比如在内部涂上黑色的封闭盒子上挖一个窟窿，

或者被拔掉塞子的煤油罐上的那个窟窿。

把一个盒子内外都涂成黑色，在盒子壁上挖个小孔，这个小孔无论何时看都是黑黑的。原因就在于通过小孔进入盒子里的光线被盒子内壁吸收了一部分，另有一部分会被反射回来。但反射回来的光线又继续射在黑色的内壁上，很少能回到小孔。如此反复，基本上就没有光线能够进入我们的眼睛了。

这样解释可能会让人费解，我们可以用数字来把这个过程描述一下。假设将盒子内涂上黑色的油漆，光线射到里面后会被吸收90%，剩下的10%会被反射出去。显然，第一次反射损失掉10%的能量。第二次仍然是10%，第三次还是如此……在第二十次反射后，光强仅有$\frac{1}{10^{20}}$，也就是初始能量的0.00000000000000000001。

这点儿光微弱得很，眼睛根本看不到。如果初始光线来自太阳且有100000勒克斯，那么反射20次后光强为0.00000000000001勒克斯。

夜晚的星空中，我们用肉眼能分辨出的最低光强为0.00000004勒克斯，光线在盒子里反射20次的数值远低于这个数字，所以不会被看到。

现在我们知道这种封闭盒子上的小孔确实是最黑的东西。这种带小孔的盒子在物理学上被称为"人造绝对黑色物"，它在任何温度下都能全部吸收表面的光线。

85 频繁开灯的后果

【题】某些类型的电灯泡不能频繁开关，否则会使它们损坏。这是为什么呢？

【解】钨丝灯里面的空气被抽空后，总有一些残留气体。加热后钨丝会排出残留气体，而关灯后钨丝冷却，又会吸收残留气体。如果频繁地排出和吸收，会加快钨丝氧化的速度，从而烧断钨丝。

86 灯丝

【题】没通电时，电灯泡的灯丝细得几乎都看不见（如图30），为什么一通电它就变粗了呢？

【解】灯丝在高温下会膨胀几十倍，但是我们要知道，这不是热膨胀。因为金属的膨胀系数很小，最多也就百分之一，在 2000 ℃ 的高温下也就膨胀几个百分点，我们根本察觉不到。

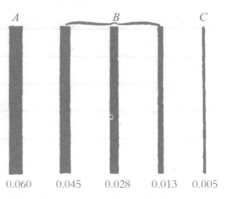

<图 30> 受热的灯丝 B 的直径与人的头发丝 A 及蜘蛛网丝 C 的直径对比（单位：毫米）

既然灯丝的膨胀微乎其微，我们为什么会在通电后突然看到灯丝变粗了呢？其实这只是光晕效果，比如我们总是觉得白色区域的尺寸比实际上要大。物体越亮，越容易让人觉得大。高温下灯丝的亮度很大，所以人会觉得它膨胀了很多，原本直径大约只有 0.03 毫米，可看起来就像膨胀了 30 倍。

87 闪电的长度

【题】你知道闪电有多长吗？

【解】闪电的长度很难估量，要用千米来当单位。根据记载，曾有闪电长达 49 千米。

88 线段的长度

【题】一条线段被测量了两次，第一次测得其长度为42.27毫米，第二次测得其长度为42.29毫米。哪个是它真正的长度呢？

【解】很多人认为，将这两个测量结果求平均值，就能得到实际长度。所以，线段的实际长度应该是：

$$\frac{42.27+42.29}{2}=42.28（\text{mm}）$$

其实这样是不对的。将多次测量结果求平均值并不能得出实际值，当然，这样计算的结果可能会非常接近实际值，但与实际值之间仍然存在误差。

89 失重状态对人有危害吗

【题】有一位天文学家认为星际飞行是不可能的，下面是他的论述：

失重时，我们的身体会灵敏地做出反应。如果倒立，血液循环会被严重破坏。这是由于重力方向的变化引起的，要是失去了重力，情况会更糟糕。

这个观点正确吗？

【解】这个观点不正确。很多人认为，如果被头朝下吊起来会死掉，处于失重状态时也会死掉。

其实，人处于失重状态下对机体并不会造成危害。人的身体由竖直状态改为水平状态时，感觉就像是躺在床上休息一样，要知道身体处于以上两种状态时重力对血管的作用完全不同。这说明血液的重力对血液循环的影响微乎其微。

当然，我们不能据此认为身体无法感知失重，我们肯定能感知到失重，但对身体并不会造成危害。

90 月亮和云彩

【题】云雾在月光下会消散，这种现象在夏天时尤为明显。该如何解释这种现象呢？

【解】月亮出现时云雾的确会消散，但二者之间并不存在必然的联系。在夏季的晚上，由于温度降低大气会向下流动，云雾也随之一同下降。但由于近地面的空气干燥，云雾落下来后很快就蒸发了。即便没有月亮，这种现象也会发生。区别在于，有月亮时，人们能看到云雾在消散，但人们往往不懂得其中的道理，而认为云雾是被月亮驱散了。

又好看又好玩的

大师
物理课

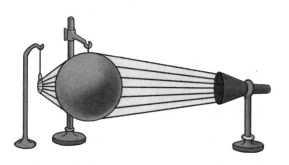

神奇实验室

[苏] 别莱利曼 / 著

申哲宇 / 译

北京联合出版公司
Beijing United Publishing Co.,Ltd.

图书在版编目（CIP）数据

神奇实验室 /（苏）别莱利曼著；申哲宇译. —北京：北京联合出版公司，2024.6

（又好看又好玩的大师物理课）

ISBN 978-7-5596-7588-0

Ⅰ. ①神… Ⅱ. ①别… ②申… Ⅲ. ①物理学—青少年读物 Ⅳ. ①O4-49

中国国家版本馆CIP数据核字（2024）第081443号

又好看又好玩的大师物理课 神奇实验室

YOU HAOKAN YOU HAOWAN DE DASHI WULIKE　　SHENQI SHIYANSHI

作　　者：［苏］别莱利曼

译　　者：申哲宇

出 品 人：赵红仕

责任编辑：徐　樟

封面设计：赵天飞

北京联合出版公司出版

（北京市西城区德外大街83号楼9层　　100088）

水印书香（唐山）印刷有限公司印刷　新华书店经销

字数300千字　875毫米×1255毫米　1/32　15印张

2024年6月第1版　2024年6月第1次印刷

ISBN 978-7-5596-7588-0

定价：98.00元（全5册）

CONTENTS 目 录

1

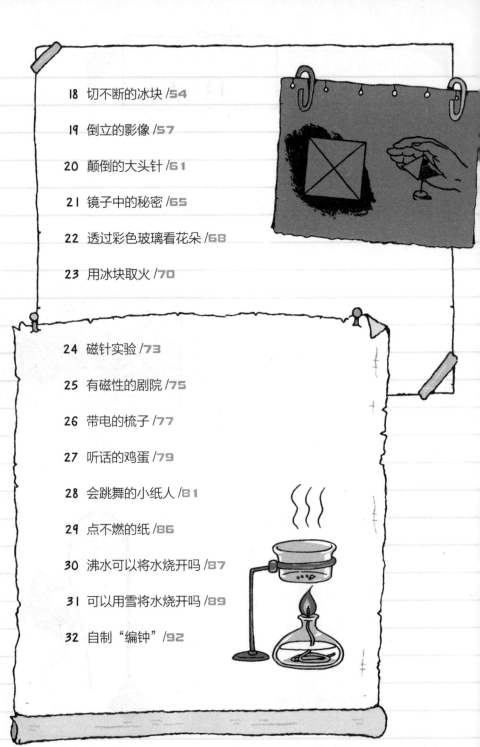

有趣的碰撞实验

在日常生活中，我们经常会见到两个物体相撞的现象，比如，两艘小船、两辆汽车或者台球游戏中的两个球。不管是不幸的意外事故，还是游戏中的规则，这一现象在物理学上都被称为"碰撞"。碰撞是无处不在的，也体现了物体的弹性。

虽然碰撞发生时只是一瞬间的事情，但是对于碰撞本身来说，其中的物理原理是非常复杂的。在物理学上，人们把弹性碰撞分成三个阶段。

第一阶段：碰撞的两个物体在接触的位置相互挤压。

第二阶段：两个物体挤压到最大限度。挤压会产生弹力，也就是反作用力，从而抵消挤压力，阻止挤压的进一步发展。

第三阶段：弹力会试图使物体恢复在第一阶段所改变的形状，也就是把物体向相反的方向推。

所以，在我们看来，碰撞后两个物体会弹开。

我们可以做这样一个实验。

实验一：用一个槌球去撞击另一个与其重量相同的静止的槌球。我们会发现，在反作用力的作用下，撞过来的槌球会停止在被撞的槌球的位置上，而原本静止的槌球则会以撞击过来的槌球的速度弹出去。⚠

我们还可以做另一个更有趣的实验。

实验二：用一个槌球去撞击一连串排成直线并且紧挨着的槌球，会发生什么现象呢？我们可能会理所当然地认为，在第一个槌球的撞击下，整串槌球都应该被击跑。然

1 　　碰撞是物体之间极短的相互作用，我们一般把碰撞区分为弹性碰撞和非弹性碰撞等形式，这里所研究的是弹性碰撞。在弹性碰撞中，如果两个碰撞小球的质量相等，那么两个小球碰撞后会交换速度。生活中，硬质木球或钢球之间发生的碰撞，都属于弹性碰撞。

——译者注

2 　　由此可见，弹性碰撞是一个物体对另一个物体传递力量的过程，物体之间没有发生形变或损失能量。

——译者注

而，有趣的结果是，中间所有的槌球都静止不动，只有最末端的那个槌球猛地弹了出去。这是由于前面的槌球都把冲击力传给了下一个槌球，而传到最后的那个槌球时，冲击力已经没有槌球可以传递了，所以，最后的那个槌球便急速飞了出去。△

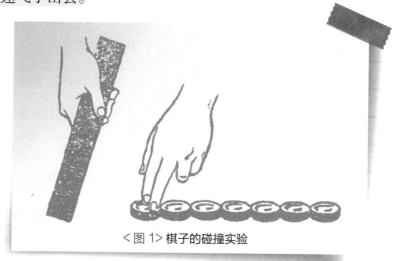

<图 1> 棋子的碰撞实验

除了用槌球，我们还可以用其他的东西来做这个实验，比如，棋子或者硬币。

实验三：如图1所示，我们可以把棋子摆成一排，可以是很长的一排，只要它们相互间紧挨着就行。用手指固定住第一个棋子，当我们用木尺敲击它的侧面时，会看到最末端的棋子飞了出去，而中间的棋子仍待在原地不动。

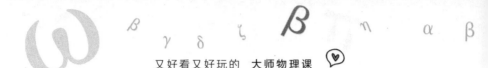

水杯上的鸡蛋

我们在观看魔术表演的时候，常常会惊叹不已，因为魔术师们总能表演一些让人瞠目结舌的节目。比如，他们把桌子上的台布抽出来，但是桌子上的东西——盘子、杯子或者瓶子等——都留在了桌子上，纹丝不动！其实，这真的一点儿都不值得大惊小怪，当然这也不是什么骗术，只是熟能生巧罢了。

对于我们来说，要想使自己的双手做到如此灵巧并非易事。不过，我们可以做一个类似的小实验，来解密"魔术"技巧。

我们先找一个杯子放在桌子上，在里面倒半杯水，再找一张卡片，并将它撕成两半。然后，

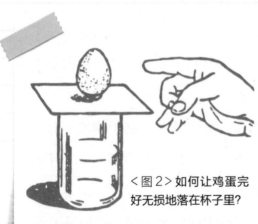

<图2>如何让鸡蛋完好无损地落在杯子里？

我们还需要向长辈借一枚男式的戒指，以及一个煮熟的鸡蛋。

如图2所示，把卡片盖在水杯上，再把戒指放在卡片上，然后轻轻地把鸡蛋竖在戒指上。

请问，你能把卡片抽出来，而让鸡蛋滚落到下面的杯子里吗？

或许你会皱起眉头，觉得这跟魔术表演没什么区别，同样是一件很难办到的事情。

其实，这件事做起来是如此简单，你只需要在卡片的边上用手指轻轻一弹，就可以轻松完成。卡片会被弹出去，飞到桌子的另一端，而鸡蛋会和戒指一起，完好无损地落在下面的杯子里。由于杯子里有水，会减弱鸡蛋的冲击力，保护蛋壳不被撞破。

如果你的双手足够灵巧，还可以尝试把鸡蛋换成生的，来做这个实验。

这个实验是不是很神奇？但事实上，其中的奥妙解释起来非常简单。实验可以成功的原因在于，当卡片被弹出去的时候，撞击发生的时间非常短暂，只是一瞬间，鸡蛋根本来不及从被弹出去的卡片那里得到任何速度，卡片便

在手指的弹力下飞了出去。

这时的鸡蛋由于没有卡片支撑，就会与戒指一起垂直落到杯子里。

当然，任何事情想要做成功都或多或少有些难度，上面的实验也是一样。一开始做这个实验的时候，你可能会失败，不过，你可以提前做一些更简单的小实验来练习，以便能很好地驾驭上面的实验。

比如，把半张明信片放在手掌上，在上面放一枚重一些的硬币。然后，用手指把明信片弹出去，如果速度达到要求的话，纸片就会飞出去，而硬币则会留在你的手掌中。我们还可以用其他卡片，比如交通卡来做这个实验，非常容易就可以成功。

如果你想进一步了解撞击，还可以做下面这个很有意思的实验。

如图3所示，在

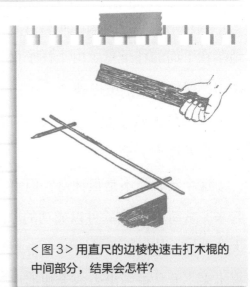

<图3> 用直尺的边棱快速击打木棍的中间部分，结果会怎样？

书桌的边缘放两支铅笔，铅笔的一部分悬空，超出桌子的边缘部分，然后将一根又细又长的木棍放在铅笔悬空的两端。用直尺的边棱快速击打木棍的中间部分，结果，木棍会折成两段，而铅笔仍留在原来的位置上。

其实，这个实验的原理跟前面的实验是一样的。由于撞击是一瞬间发生的，作用力发生的时间极为短暂，铅笔的两端都来不及发生任何运动，真正发生运动的只有直尺和细木棍相互撞击的那个点，所以细木棍被打断了，而两支铅笔没有任何变化。

这个实验成功的秘诀在于，击打的时候要足够迅速和猛烈。如果缓慢而无力地击打，不仅不会打断木棍，反而会把铅笔打掉。

现在，我们明白了，子弹打到玻璃上的时候，只会在玻璃上留下一个小洞；但是如果我们用石头砸玻璃的话，玻璃就会整个碎掉；如果用手慢慢推，我们甚至可以把窗框和合页都推倒。没错，其中的道理跟上面的实验一样，因为子弹击打玻璃的速度足够快，子弹运动所产生的冲击力根本来不及分散，只能集中在跟它接触的那一小部分玻璃上，所以玻璃上才会留下一个小洞。

玩转火柴盒

如果我们用拳头使劲挥打一个空的火柴盒，会发生什么呢？我相信绝大多数读者都会认为，火柴盒肯定会被打烂。或许，也有极少数读者持另一种观点：火柴盒会完好无损。

那么，正确答案到底是什么呢？让人信服的回答就是，通过实验来验证一下。

如图4所示，把空火柴盒里面的内屉拿出来，并将它摆放到外盒套上面。然后，我们用拳头使劲打向火柴盒。

接下来的事情会让你大吃一惊：火柴盒外盒套和内屉都被打飞了，但是它们只是跑到了其他地方，不管是外盒套还是内屉，基本没有

<图4> 结实的火柴盒实验

什么破损。

这是因为，火柴盒的质量非常小，而手对其施加的作用力非常大，所以，火柴盒产生了非常大的反弹力。正是这个反弹力，保护了火柴盒。有时候火柴盒会稍微变形，但绝不会被打烂。

关于火柴盒，这里还有一个简单的小实验。

把一个空火柴盒放在桌上，如果让你把它吹远，我想你一定会认为这很容易办到。那反过来呢？如果让你再把它吹回来，前提是不允许你把头伸过去从火柴盒的后面吹气，你可以做到吗？

相信很多读者都做不到这一点。或许你会试图通过吸气把火柴盒吸过来，但结果是，火柴盒纹丝不动！那么，究竟该如何做呢？其实方法非常简单，让你的同伴把手立起来，放到火柴盒后面，然后，你向他的手掌吹气，气流碰到手掌就会被反弹回来，作用于火柴盒，这样，就把火柴盒吹回来了。

怎么样？是不是很简单？

做这个实验需要注意的是，放火柴盒的桌子要足够光滑，特别是不能铺桌布之类的东西。

断裂的学问

这次我们要做的实验，道具很简单，只需要一把剪刀和一条纸条。

我们用剪刀从纸上剪下一条纸条，长度有手掌那么长，宽度大概2厘米就可以。现在，我们就用这条纸条来做一个有趣的小实验。

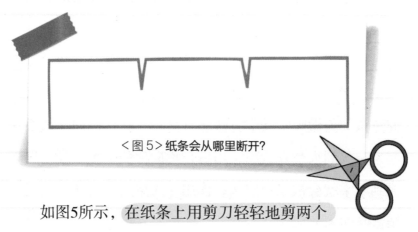

<图5> 纸条会从哪里断开?

如图5所示，在纸条上用剪刀轻轻地剪两个小口。这时，你就可以问周围的人："如果拉着纸条的两端用力撕扯纸条，它会从哪里断开呢？"

"当然是从小口那里断开了。"如果不出意外的话，相信很多人都会这样回答。

"那么，会断成几截呢？"你接着问他们。

很多人会以为，当然是三截！

如果你听到了上面的答案，那么此时你就可以让朋友们学会通过实验来验证真假了。实验会告诉他们，纸条并没有断成三截，而是断成了两截。

不管你重复多少次实验，也不管纸条长宽如何，更不管剪开的口是大是小，纸条只可能被扯成两截。至于纸条会从哪个地方断开，有句俗话是这样说的："哪里细，就从哪里断。"

这是因为，我们制作道具时，不管多么认真地想把那两个口剪成一模一样，被剪开的两个口总会或多或少地有差别，其中一个总会不可避免地比另一个深一些。正是这一点点的误差，使小口深一些的地方成了纸条上最薄弱的地方，断裂就是从这个地方开始的。而一旦纸条从这个小口开裂，这个地方的承受力就会变得越来越弱，最终会一撕到底。

在完成这个小小的实验之后，我要恭喜你们，你们已经涉猎了一个非常重要的科学领域——材料的强度。

会自动平衡的木棍

现在，请你分别伸出两手的食指，放在桌子上，然后让朋友将一根光滑的木棍放在你的两根食指上。

接下来，请你移动两根食指，使它们相互靠近，直到两根食指完全紧贴在一起，如图6所示。你会惊奇地发现，食指完全紧贴时，木棍并没有掉下来，而是继续保持着平衡状态。

不管你重复多少次这个实验，也不管你的两根食指最初在木棍的什么位置，结果都是如此，木棍始终保持平衡。当然，你还可以把木棍换成绘图用的直尺或手杖、台球杆等，实验的结果都是相同的。

<图6> 自动保持平衡的木棍

这是为什么呢？

我们知道，如果木棍在紧贴的手指上保持平衡，说明手指所在的位置正好是木棍的重心⚠。

当我们的两根手指分开的时候，木棍大部分的重量就会作用在靠近物体重心的那根手指上。而压力越大，手指和木棍之间所产生的摩擦力⚠就会越大，所以距离物体重心较近的手指，由于摩擦力较大，做靠近重心移动时手指滑动起来就更困难一些，而远离重心的手指移动得会更顺畅一些。随着压力的增加，离重心近的手指最终会在木棍下不再滑动，移动的总是离重心远的那根手指。当后者移动得离重心更近时，两根手指的角色就会发生变化。这个

1　　重心是物理学中的一个重要概念，指的是物体各部分重量分布所形成的平衡点。在不同的物体中，重心的位置可能会有所变化，但它总是位于物体的质量中心，对物体的运动和平衡状态起着至关重要的作用。

——译者注

2　　两个相互接触的物体，当它们发生相对运动或具有相对运动趋势时，就会在接触面上产生阻碍相对运动的力，这个力叫作摩擦力。

——译者注

过程会重复多次，直到两根手指紧贴在一起。所以，每次都是远离重心的那根手指在移动，最后的结果就是，两根手指紧贴的那个地方正好是木棍的重心位置。

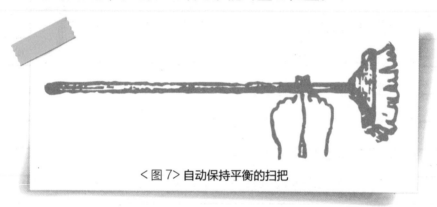

<图7> 自动保持平衡的扫把

那么，如图7所示，如果我们从两根手指紧贴的地方把扫把折断，然后把折断的两部分放在天平上称重，哪一部分会更重一些呢？是只有长长的棍子的那一部分，还是有扫把头的那一部分？

可能有读者会说，既然扫把在手指上能保持平衡，那么这两部分的重量应该相等。

但事实上，带扫把头的那一部分要更重一些。这是因为，扫把在手指上保持平衡时，手指两边承受重力的力臂是不相等的。放在天平上的时候，虽然重量没有发生改变，但两边的力臂是等长的。

不可思议的潜水钟

下面我们要讲述一个简单却妙趣横生的实验。这个实验需要我们准备一个普通的脸盆，或者一个宽口深底的罐子。同时，我们还需要一个高筒的玻璃杯或者高脚杯。这里的玻璃杯将成为我们实验中的潜水钟，而盛有水的脸盆或者罐子就是缩小版的大海或者湖泊。怎么样？听上去是不是很有趣呢？

现在，我们把玻璃杯倒置，扣在水底，用手压住杯子，以免杯子被水冲倒。这时，我们会发现，玻璃杯里几乎没有进水。这是因为杯子里有空气，阻止了水进入。

如果我们在潜水钟（玻璃杯）中放入一个容易被水浸湿的物体，如糖块，这个现象就会更为直观。找一个软木塞，从上面切下一个圆片，放在水面上；然后在圆片上面放一块糖，并用玻璃杯罩在上面。接下来，我们把玻璃杯压到水底。我们会发现，玻璃杯外面的水位要高于糖块的位置，但糖块却是干的，因为水根本没有进入杯子里去。

如图8所示。

我们还可以用玻璃漏斗来做这个实验。将漏斗倒置，宽口朝下，然后用手指堵住上面的漏孔，把漏斗扣到水里。此时，水也不会流入漏斗中。但是，如果我们把手指

<图8> 自制潜水钟

移开，由于空气流通了，脸盆里的水就会立刻灌到漏斗里去，直到漏斗内外的水面相平为止。

现在，我们明白了，空气并不是"不存在的"。它真实地存在于空间中，当它无处可去时，就会坚守着自己的地盘。人们就是利用这个原理，制作出了潜水钟。潜水钟就像一个倒扣在水中的玻璃杯，钟内始终保持一定量的空气，可供潜水员呼吸。当然，光靠这么简单的原理制造潜水钟风险还是很大的。所以，潜水钟里还有从水面接入的导管、风箱、鼓风机、安全阀等，以最大限度地保障潜水员在水下开展工作的安全。

倒不出来的水

下面，我们再来看一个非常容易完成的实验，这个实验也是我在年少时期做的第一个实验。

第一步：找一个玻璃杯，往里面倒满水。

第二步：找一张硬一些的纸片盖住杯口，然后用手指轻轻地压住纸片，慢慢地把玻璃杯翻转过来。这个实验对纸片有个要求，那就是纸片是完全水平的。

这时，把压住纸片的手拿开，你会发现，纸片仍然盖在杯口上，水也不会流出来。

你甚至可以大胆地把玻璃杯从一个地方端到另一个地方，哪怕动作幅度大一些也没有关系，水并不会流出来。当你把这样一杯倒置的水端到朋友面前时，我想他肯定会万分诧异。

一张小小的纸片为什么能够承受住水的重量而不让水流出来呢？

答案是：空气的压力。杯子里的水至少有200毫升，

而空气从外部施加给纸片的压力要比杯子里的水施加给纸片的压力大得多。

当我第一次看到这个实验的时候，向我展示这个实验的人告诉我，要想让这个实验成功，秘诀是必须保证杯子里的水是满的。如果杯子里只有一点儿水或者大半杯都不行，只要杯子里还有空气，就不能成功。这是因为杯子里的空气会对纸片产生压力，这个压力抵消了外面空气对纸片的压力，如此，纸片就会掉下去。

耳听为虚，眼见为实。每个人都有怀疑的态度和好奇的本性，我决定用没有装满水的杯子来演示一遍这个实验。出乎意料的是，纸片竟然没有掉下来！后来，我又重复做了好几次实验，结果依然不变，纸片都没有掉下来，仍然盖在杯口上！

这个实验给我的印象非常深刻，对于我来说，这是对如何研究自然中的一些现象的直观教训。对于自然科学来说，实验才是最好的裁判员。每一个理论，无论在我们看来如何严谨，都应该通过实验进行检验。

17世纪时，第一批来自佛罗伦萨学院的自然研究者就给自己定下了这样的规则：检验再检验。这不但是17世纪做实验的准则，也是20世纪物理学研究的准则。当发现实验结果与理论不一致时，就必须找出理论到底错在哪里。

就上述实验而言，要找出推理中的错误并不难，尽管它乍一看很能令人信服。我们来看一下这个实验，在倒置的没有装满水的杯子上盖一片纸片，纸片并没有掉下来。这时，如果我们小心地掀起纸片的一角，就会发现有气泡进入了杯子里。这个现象说明了什么呢？

这个现象很有力地表明，杯子里的空气比外面的空气压力更低，否则，外面的空气就不会想往杯子里跑，也就不会产生气泡了。这就是说，虽然杯子里有一部分空气，但它比外面的空气稀薄很多，所以产生的压力也比外面空气的压力低很多。这是因为，当我们翻转杯子的时候，里面的水会向下流动，同时也会挤出一部分空气，而剩下的空气仍然占据原来的空间，所以空气就变得稀薄了，压力也就变小了。

所以，你们看，即使是最简单的物理实验，也包含着复杂的道理，如果我们认真对待，就可以发现别人看不见的奥秘。伟人也正是从这些看上去微不足道的小现象中发现科学真理的。

08

水中取物

现在，我们已经确信，我们周围的空气会对它所触及的所有事物施加相当大的压力。下面要介绍的实验，将更加直观地向你证明物理学上所说的"大气压力"的存在。

首先，我们需要准备一个光滑的盘子，然后在这个盘子里放一枚硬币并往盘子里倒一些水，让水没过硬币。那么，在不弄湿手指，也不把水倒出来的情况下，我们能否把硬币拿出来呢？

你肯定会瞪大眼睛说："这……怎么可能？！"事实上，这是可以做到的。

如何做到呢？请你先找来一个玻璃杯和一张纸，然后把纸点燃放到玻璃杯里。

<图9>水被"吸"进了杯子里，盘子里只留下了硬币！

当纸开始冒烟的时候，你需要把玻璃杯倒扣在盘子里。需要注意的是，不能把硬币扣在玻璃杯里面。

现在，来看看会发生什么。

玻璃杯中的小纸片很快就会燃尽，火熄灭后，杯子里的空气也开始从灼热慢慢冷却下来。随着空气的冷却，盘子里的水就像是被玻璃杯吸住了一样，渐渐地涌进了杯子里。最终，盘子里的水一滴不剩，只留下了硬币！如图9所示。

这时，你只需耐住性子等一会儿，让硬币变干，就可以很容易地取走硬币，而你的手一点儿也不会被水打湿！

如何解释这一现象呢？其实，道理很简单。不光是空气，所有的物体受热后都会出现同样的情况。当杯子里的空气被加热后，会发生膨胀△，而玻璃杯的容积是固定

① 物体受热时会膨胀、遇冷时会收缩，都是微粒小分子在捣鬼。常见的物体都是由微粒构成的，当物体吸热升温后，微粒的运动速度加快，粒子的振动幅度加大，物体就会膨胀；当物体受冷后，微粒的运动速度减慢，使物体收缩。一般来说，气体热胀冷缩最显著，液体次之，固体最不显著。

——译者注

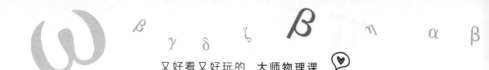
的，所以，空气膨胀后就会有一部分气体被挤出玻璃杯，使得玻璃杯里的空气变得稀薄。等到小纸片燃烧殆尽，玻璃杯中剩余的空气冷却下来以后，杯中的压力就会比之前小很多。

也就是说，对于玻璃杯来说，杯子内外的空气压力并不均衡，外面的空气压力要大一些。于是，杯子外面的空气就会把盘子里的水挤压到杯子里面。

现在，我们已经知道发生这一系列现象的原因了。事实上，做这个实验，完全可以不用燃烧的纸条或者酒精棉。如果我们在把玻璃杯倒扣到盘子上之前，用热水涮一涮它，实验也能成功。

说到这里，你或许会明白，在这个实验中，我们只需要使杯子内的空气变热就行了，至于如何使它变热，并不重要。

我们还可以用下面的方法来完成这个实验。

当我们在午后喝完热茶后，趁茶杯还热的时候，把它倒扣在茶盘上。当然了，茶盘里需要提前倒入一些水。一两分钟之后，我们就可以看到，茶盘里的水全都涌进了茶杯里。

吹气大力士

"今天，我们用报纸来做一个实验，一个关于气压的实验！"哥哥说完就开始剪报纸，并把剪开的报纸粘成了一个小袋子。

"要等胶水干透才可以用这个纸袋来做实验。在这之前，你先去找几本书来，最好是又厚又重的书。"哥哥对我说。

我在书架上找了3本厚厚的医学方面的书，把它们放到了桌子上。

"你能用嘴巴把这个纸袋吹得鼓起来吗？"哥哥问。

"这有什么难的？当然可以了。"我回答。

"好吧，这的确易如反掌。不过，如果我在纸袋上压上这两本书呢？"

"啊，你不是在开玩笑吧？这怎么可能？再用力也吹不起来。"

哥哥什么也没有说，只是把干透的纸袋放在桌子边

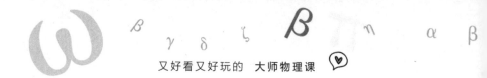

上，然后拿起一本书平放在纸袋上面，接着将第二本书竖立着放在了第一本书上，如图10所示。

＜图 10＞ 将两本书压在纸袋上

＜图 11＞ 纸袋被吹得鼓了起来，上面的书也被掀翻了。

"注意观察，我现在就把纸袋吹起来。"

"哥哥，你不会是打算把这两本书吹跑吧？"我大笑着说。

"你猜对了！"哥哥说完，便开始向纸袋里吹气。

你猜发生了什么？纸袋真的被吹得鼓了起来，随之，上面竖立着的那本书便被掀翻了！如图11所示。

我不由得看呆了！还没等我反应过来，哥哥又做了一个实验，这次他在纸袋上压了三本书。他向纸袋中吹了一大口气，结果纸袋就像受到鼓舞的大力士一样，一下子就把三本书都掀翻了！这简直太不可思议了！

哥哥看着我一脸茫然的样子，笑道："这没什么可大惊小怪的，来，你也来尝试一下！"

结果，我也像哥哥一样，轻轻松松就把书吹翻了！不需要有如大象一般的肺活量，也不需要有大力士那样强健的肌肉，一切就那么自然而然地发生了，我甚至都没来得及用力。

在我的疑惑中，哥哥解释了其中的原理。

当我们向纸袋内吹气时，吹进去的空气压力比外面的空气压力大多了，否则纸袋就不会鼓起来。我们知道，外界空气的压强大概是1千克力/平方厘米，它相当于1平方厘米面积上要承受1千克力空气柱的压力。我们可以大致估算一下被书压到的纸袋的面积，这样就可以很容易地计算出纸袋对书产生的作用力：即使纸袋内空气的压强只比纸袋外大$\frac{1}{10}$千克力/平方厘米，即每平方厘米多承重100克力，那么，假设纸袋被书压到的表面积仅为100平方厘米，纸袋内空气对纸袋所产生的作用力就要比外界空气对它的压力多出10千克力。这么大的力足够把书掀翻了。

10

迷你降落伞

很小的时候，我就梦想能像小鸟一样在天空中翱翔。为此，我还做了许多有关飞行的小实验。今天，我们一起来重温其中的一个有趣的实验吧。

第一步：从一张锡箔纸上剪下一个直径约10厘米的圆片，再在圆片的中央剪一个纽扣般大小的小圆。

第二步：在大圆片的外沿打一些小孔，在每个小孔上穿一根细线，并且确保细线的长度要相等。

<图12>迷你降落伞

第三步：将所有细线的另一端系在一起，并绑上一个不太重的负荷物。

这样，我们就做好了一个迷你降落伞，如图12所示。虽然尺寸迷你，但它跟飞行员被迫跳伞逃生时所用的降落伞的原理是一样的。

下面，我们就来检验一下我们制作的这个迷你降落伞是否安全可靠。

我们把它从高层建筑物的窗口抛下去，可以看到拴在降落伞细线上的负荷物会把细线拉紧，接着，锡箔圆片像一把小伞一样展开了。降落伞就这样轻飘飘地向下降落，最后轻轻落在了地上。

当然了，这是在没有风的情况下完成的。如果有风，哪怕只是微风，降落伞也可能会被吹到空中，甚至会被吹到很远的地方才降落。

你的降落伞的伞面越大，它所承受的负荷也越重。我要提醒你的是，负荷物是一定要有的，带有负荷物的降落伞较难被风吹走。如果在风和日丽的天气里，降落伞就会平稳地降落。

那么，为什么降落伞可以在空中飘飞这么久呢？我想，作为读者的你已经猜到了，是空气阻碍了降落伞的下降速度。

如果没有伞面的话，负荷物会以非常快的速度掉落到地面上。也就是说，伞面加大了负荷物的受力面积，同时

又几乎不会增加它的重量，从而使其受到的空气阻力更大。而且，伞面的表面积越大，受到的空气阻力就会越大。

亲爱的读者朋友，如果你能明白这一点，你就会理解灰尘之所以会飘浮在空气中的原因了。有的人可能会说，这是由于灰尘比空气轻。其实，这种想法是完全错误的。

相反，灰尘比空气重多了。一般来说，灰尘是石头、黏土、金属、树木或者煤等物质的微粒，它们可能比空气重几百倍甚至几千倍。我们可以参考以下数据：在体积相同的情况下，石头的重量是空气的1500倍，铁的重量是空气的6000倍，而树木的重量是空气的300倍……都比空气要重得多。那么，这么重的灰尘为什么会像木屑漂浮在水面上那样飘浮在空中呢？

从理论上来说，任何比空气重的物体，不管是固体还是液体的微粒，都应该在空气中"下沉"。事实上，灰尘也的确会下沉，只不过它们在下沉的时候就跟降落伞一样缓慢。灰尘虽然很重，但与其重量相比的话，灰尘的表面积要大得多，这能降低它的下降速度。因此灰尘能在空中飘浮很久，虽然它也会慢慢下落，但是，如果有一阵风，就可能把它吹向更高的空中。

飞舞的纸蛇和纸蝴蝶

在我的印象中，蛇是一种相当可怕的动物，每每想起，我都禁不住浑身战栗。今天，我要教给大家的，就是一个与蛇有关的小实验。不过，它非但不可怕，还很有趣呢。

找一张明信片或者较硬的纸片，将它剪成一个杯口大小的圆形卡片。在圆形卡片上画一条螺旋线，然后用剪刀沿着螺旋线把圆形卡片剪开。剪出来的纸片像不像一条盘成一团的蛇？如图13所示。

＜图13＞盘成一团的纸蛇

现在，我们需要一根缝衣针。将缝衣针的针尖插在软木塞上，并把纸蛇的尾巴固定在缝衣针的另一端。这时，我们会看到蛇头自然向下垂落，就像一条螺旋楼梯一样。

这只是第一步。接下来，我们就用这条纸蛇来做一个实验。

我们把纸蛇放到生着火的炉灶旁，这时，我们会惊奇地发现，纸蛇转了起来。而且，炉火烧得越旺，纸蛇转动得就会越快。

同样地，我们也可以把纸蛇放在其他温度高的物体旁边，比如，灯、热水杯等，纸蛇一样会转动。一般来说，在任何热的物体附近，纸蛇都会旋转，只要靠近纸蛇的物体是热的，纸蛇就会一直不知疲倦地旋转下去。倘若我们用细线和钩子将纸蛇的尾部挂在煤油灯的上方，纸蛇会转动得非常快，如图14所示。

那么，纸蛇为什么会活动起来呢？

答案只有一个，那就是：气流⚠。在任何热的物体旁边，都存在一股向上运动

< 图 14 > 把纸蛇放在煤油灯上方，纸蛇就会快速旋转起来。

⚠1　气流是指空气的流动。空气流动的主要原因是受热不均匀，产生了温差。

——译者注

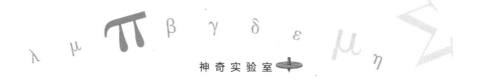

的热气流。

那热气流又是如何形成的呢？

我们知道，同其他物体一样，空气在被加热后，体积也会膨胀。也就是说，空气受热会变得稀薄，同时也会变轻。而四周的空气仍旧保持着原来比较冷的状态，也就

> **2**
>
> 由同一种物质组成的物体，质量和体积的比通常是一个常量，物理学中把物体的质量跟它的体积的比值称为密度。密度是物体的特性，表示物体单位体积的质量，它可以反映物体的紧密程度，密度越大代表物体越紧密。一般来说，不论什么物质，也不管它处于什么状态，随着温度、压力的变化，体积或密度也会发生相应的变化。
>
> ——译者注

是密度²比较大，也比较重。这时，冷空气就会把热空气往上面挤，热空气缓缓上升，冷空气占据热空气原来的位置。慢慢地，这些冷空气又会被加热，跟之前的热空气一样，也会缓缓上升，并被一股新的冷空气所取代。如此循环往复。

因此，每一个被加热的物体都会在其上方形成一股向

上的热气流，就好像向上吹起了一股热风一样。纸蛇置身其上，自然会被这股热气流吹得旋转起来。

很多有创意的人，他们做这个实验的时候选择的道具不是纸蛇，而是更加美丽的蝴蝶形状的纸片。这次，我们就用锡箔纸来做一只纸蝴蝶。

我们从锡箔纸上剪下一只纸蝴蝶，然后用一条细线穿过纸蝴蝶的中央把它吊起来。将这样一只纸蝴蝶系在电灯的上方，纸蝴蝶会随之飞舞旋转起来，就像翩翩起舞的真蝴蝶一样。

而且，纸蝴蝶还会在天花板上任性地投下自己的影子，影子会完美地重现纸蝴蝶的所有动作，只是幅度会比较大。对于不明真相的人来说，他可能会以为房间里真的飞进来一只黑色的大蝴蝶，正在天花板上翩翩起舞呢！

我们还可以更进一步：

把缝衣针插到软木塞上，然后把针尖扎到锡箔纸蝴蝶上。需要注意的是，这时要让锡箔纸蝴蝶保持平衡，因此固定点应为锡箔纸蝴蝶的重心，或许这需要你多试几次才能找到。

如果把锡箔纸蝴蝶放到任何发热的物体上方，它就会在针尖上快速转动起来。调皮的小孩子还会用手掌给它扇风，这样，锡箔纸蝴蝶就会旋转得更欢快。

通过刚才的实验，我们已经知道，空气受热会膨胀，从而形成向上的热气流。其实，这种现象在我们的日常生活中非常普遍。

在北方，冬天供暖以后，屋子里就会产生大量的热空气。这时，最热的空气肯定会流动到天花板附近，而相对较冷的空气则聚集在地面上。所以，当房间里还不够暖和的时候，我们常会感到似乎有一股风从脚底往上吹。在寒冷的冬天，暖气供暖就是通过热空气上升与冷空气下降的循环，使得整个房间变温暖的。

这样的例子还有很多，比如，热气球就是利用热气流上升的原理发明的一种交通工具。

在自然界中，同样存在很多冷热空气的流动现象，比如信风、季风、海陆风等。好了，这些还是留给你以后慢慢思考吧。

旋转的风轮

今天，我们继续来做一个简单而有趣的实验。

这个实验，我们需要用到一张又轻又薄的纸，比如锡箔纸，并从纸上剪下一个小正方形。然后，沿着正方形的两条对角线分别对折，这样，我们就能很容易地找到正方形的重心——两条折线的交点。找一根细针，把它竖直固定在软木塞上，针尖朝上。现在，把正方形的纸片放在针尖上，让针尖刚好顶在纸片的重心位置。

可以想象，由于支撑点在正方形纸片的重心位置，所

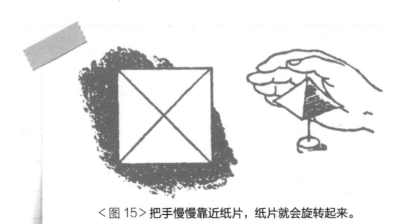

<图 15> 把手慢慢靠近纸片，纸片就会旋转起来。

以纸片会保持平衡。但是，如果有一丝风吹来，纸片就会在针尖上旋转起来。

实验进行到这里，我们并未发现这个装置有何特别之处。现在，我们将手慢慢靠近纸片，如图15所示。注意，我们的动作一定要特别小心，以免纸片被气流吹走。

这时，我们会看到一个非常奇怪的现象：纸片开始旋转起来。一开始，它转得很慢，之后会越转越快。如果你把手拿开，纸片马上停止旋转。可是，如果再把手靠近，它又会继续旋转。

大约在19世纪70年代，人们还没有搞清楚这一装置的原理，曾把这一现象归结为人类的身体具有一种超自然的能力。其实，这并没有什么神秘之处，现代科学早已给出了答案：当我们将手靠近纸片时，手掌的温度加热了周围的空气，使之向上流动，引起了纸片的旋转。

如果仔细观察，我们会发现，纸片是朝着固定的方向旋转的。确切地说，它是沿手掌向手指的方向旋转的。这是因为，我们手上各个部位的温度是不同的，指尖的温度低一些，而手掌的温度高一些，所以靠近手掌的地方形成的气流会更强一些，对纸片产生的作用力也就更大一些。

液体会产生向上的作用力吗

我们知道，一切物体在重力的作用下，都会产生向下的作用力。就像人站在地面上，会给地面一个压力一样，液体也不例外，会对容器的底部，甚至侧面（内壁）都产生作用力。

这一点不难理解，但是，你能想象得到吗？液体也会产生向上的作用力！

现在，我们就通过一个普通的玻璃管，来验证这一说法的正确性。

第一步：找一块硬纸板，从上面剪一个圆片，圆片的大小要正好能盖住玻璃管的管口。

第二步：将圆片贴在玻璃管的管口上，并将这一端浸入水中。

需要注意的是，为了使圆片不掉落，在将圆片浸入水中的过程中，我们可以用手指压住圆片，或者用一根细线穿过圆片的中心拉住圆片。

当玻璃管浸入水中一定深度时，我们就会发现，就算不用手指压或不用细线拉住圆片，圆片一样可以紧贴在玻璃管管口上，而不会掉落。也就是说，水给了圆片一个向上的作用力，使得它没有从玻璃管管口掉落下来。

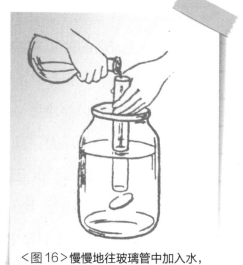

<图16>慢慢地往玻璃管中加入水，圆片会掉下来。

如果你对这个向上的作用力的大小感到好奇，我们完全可以将它测量出来。

如图16所示，我们可以缓慢地往玻璃管里加入水，当玻璃管中水的高度与玻璃管所处容器中水的高度相等的时候，圆片就会掉下来。

也就是说，水对圆片产生的向上的作用力正好等于水柱对圆片施加的向下的作用力。前面已经讲过，此时，玻璃管中水柱的高度就是圆片浸入水中的深度。

这就是液体对浸入其中的物体所施加的向上托的力，即浮力，它抵抗部分或完全浸没在液体中的物体的重量。

正因如此，物体在液体中会"失去"它原本的重量△。这也是物理学上著名的阿基米德定律△向我们揭示的内容。

我们还可以找几根形状不同但管口大小相同的玻璃管来重做上述实验，以检验另一个关于液体的物理定律：液体对容器底部产生的压力，只与容器的底面积和液面的高度有关，而与容器的形状没有任何关系。

在做这个实验之前，我们需要先在这些形状不同的玻璃管的相同高度处分别贴上纸条，再将玻璃管浸入水中。值得注意的是，我们将玻璃管浸入水中的深度要与标

1 　物体的重量和它所处的状态和受力情况无关，所以重量是不会改变的。我们拿浮在水面上的物体会感觉很轻，是因为水的浮力在向上托举它，也就是说浮力使物体的合外力变小了，并不是物体的重量真的变轻了。

——译者注

2 　阿基米德（公元前287—前212），古希腊著名的哲学家、数学家、物理学家，享有"力学之父"的美称，提出了阿基米德定律。阿基米德定律也称浮力定律，指浸在液体里的物体受到向上的浮力作用，浮力的大小与该物体所排开的液体的重量相等。

——译者注

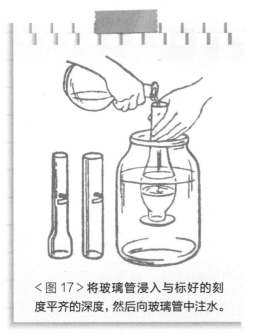

<图 17> 将玻璃管浸入与标好的刻度平齐的深度，然后向玻璃管中注水。

好的刻度平齐，也就是说，将玻璃管浸入水中的深度都是相同的，如图17所示。

你会发现，当玻璃管中的水位达到我们标注的位置时，圆片就会掉落。也就是说，每次圆片掉落时，玻璃管内的水位都是一样的。这就意味着，在玻璃管底部面积和水柱的高度相同的情况下，不管什么形状的水柱，都会产生相同的压力。

请注意，这个实验关注的是液体的高度，而不是长度。在容器底部面积相等的情况下，一个倾斜水柱，只要其垂直高度与竖直方向水柱的高度相同，二者对底部施加的压力就是相同的。

模拟潜水艇

一个有经验的妈妈肯定知道，新鲜鸡蛋放到水里会下沉。很多妈妈就是用这种方法来判断鸡蛋是否新鲜的：如果鸡蛋沉入水里，说明它是新鲜的；如果鸡蛋浮在水面上，说明鸡蛋已经坏了。

那么，在物理学上，如何解释这一现象呢？

这是因为，新鲜鸡蛋比同体积的水要重一些；而坏鸡蛋由于长时间存放，导致水分蒸发，有机物被代谢消耗了一部分，所以会比水轻。需要注意的是，这里说的水是普通的清水，如果是高浓度的盐水△的话，你会发现，鸡蛋

△1 　　我们知道，盐能够溶解到水里面，这种能够被液体（气体、固体）溶解的物质我们就叫它溶质，我们把水叫作溶剂，而调配好的盐水我们就叫它溶液。我们把盐与盐水的重量的比值称为盐水的浓度，即盐水的浓度（盐水的含盐量或盐含量）$= \dfrac{盐}{盐+水} \times 100\%$。

　　　　　　　　　　　　　　——译者注

会浮在水面上。这是因为同样体积的盐水的重量比新鲜鸡蛋更重一些，鸡蛋所受的浮力大于重力，所受合力向上，鸡蛋就会上浮。

因此，如果我们用一盆浓度足够高的盐水来做这个实验，那么根据阿基米德提出的浮力定律，只要鸡蛋的重量小于它排开的盐水的重量，即使是最新鲜的鸡蛋照样可以在盐水中浮起来。

如果我们想让鸡蛋既不沉入水里，也不漂浮在水面上，该如何做呢？

这一现象在物理学上称为"悬浮"。事实上，我们同样可以用一杯盐水来做这个实验，只需要把盐水的浓度调配合适就可以了。也就是说，要使没入水中的鸡蛋所排开的盐水的重量正好与鸡蛋的重量相等。

<图 18> 将盐水的浓度调配合适，鸡蛋最终会悬浮在盐水中。

41

在调配盐水的时候，我们可能需要多尝试几次。比如，如果鸡蛋浮起来了，我们就往杯子里加点儿水；如果鸡蛋沉下去了，就往水里加点儿盐……耐心地多尝试几次，最终总能成功地调配出我们需要的盐水。这时，无论我们把鸡蛋放在水里的任何地方，它都只会停在那里，既不会上浮，也不会下沉。如图18所示。

我们知道，重力要把所有想跑的物体拉回地面，而浮力是帮助物体离开地面。因此，利用浮力的关键，就在于调节物体重力与浮力的关系。在重力不变的情况下，可以通过改变液体或气体的体积来实现物体的上升或下降。

潜水艇就是利用这个原理制造出来的。潜水艇之所以能潜浮在水中而不下沉，就是因为它排开的海水的重量正好等于自身的重量。当水兵们需要让潜艇下沉的时候，只需把海水从潜艇的下面注入其所搭载的水舱里就可以了；当需要上浮的时候，再把水排出去。

同样地，飞艇之所以能悬浮在空中，也是利用了这个原理。就像鸡蛋能悬浮在盐水中一样，飞艇所排开的空气的重量跟它自身的重量正好相等时，它便能悬浮在空中了。

水面浮针

你能让一枚缝衣针浮在水面上吗，就像稻草浮在水面上一样？

这听起来像是一件不可能做到的事情。毕竟，就算缝衣针再细小，也是一个实心的金属棒，放到水里，它肯定会沉下去！

我知道，大部分人都会给出这样的答案。如果你也这么认为，那么，下面的实验可能会改变你的看法。

第一步：找一根普通的缝衣针，不要太粗，在它上面抹一点儿黄油或者猪油。

第二步：把这根缝衣针小心地放到盛有水的碗或玻璃杯的水面上。

这时，你会惊讶地发现：缝衣针并没有沉下去，而是浮在了水面上。

缝衣针为什么没有沉下去呢？钢肯定比水重，这是明摆着的事实啊！的确，钢比水重多了，钢的密度大概是水

的7～8倍，根据常理来看，用钢制成的缝衣针是无论如何也不应该像稻草那样浮在水面上的。

可是，在实验中，我们确实看到了缝衣针漂浮在水面上。原因是什么呢？

如果你仔细观察缝衣针周围的水面，就会发现：在缝衣针的周围，水面凹下去了一部分，形成了一个小小的凹槽，针正好浮在凹槽的中间，享受着凹槽的呵护。

涂了薄薄一层黄油的针并没有被水浸润，这就是缝衣针周边的水面处有凹陷的原因所在。你大概有过这样的经历，如果你的手非常油腻，用水洗手的时候，水无法打破油所形成的保护层，你的手并不会被水浸润，即使用热水也冲洗不干净沾有油脂的手。想要去掉手上的油，只能用肥皂破坏油脂层，让油脂离开皮肤。

生活中，我们常会看到一些在水中恣意嬉戏的水禽。它们在游泳的时候，羽毛并不会被水沾湿，也是因为它们的羽毛上覆盖着一层由特别的腺体分泌的油脂。

在刚才的实验中，油腻的针没有被水浸润，而是压在水的表面处，在水的表面形成了凹陷。而水面也不甘示弱，努力拉伸，将自己抚平。我们把液体表面的这一拉伸力称为表面张力⚠，它使液体表面形成像拉紧的橡皮膜一样的薄膜层，托起了针。正是由于表面张力的存在，才托住了缝衣针，使它不会沉到水中。

其实，我们的手通常都会分泌油脂，因此就算没有特意给缝衣针涂抹黄油，我们拿过的针也会在不经意间裹上一层薄薄的油层。所以，即便不涂黄油，我们也可以让针浮在水面上，只不过，放针的时候要非常小心——要小心翼翼地把针平放在水面上，而不是随意一丢。

为了提高成功的概率，我们可以把针放在一张小小的锡箔纸上面，然后用一根牙签慢慢地把锡箔纸压到水中。

1 液体与气体相接触时，会形成一个交界面，即表面层。处于液体表面上的分子，在一侧受到空气的作用力，另一侧则受到液体内部分子的作用力，这两个力一般不相等，因而整个液体表面会发生变形。液体的表面分子由于发生变形而产生一种张紧的拉力，称为表面张力。由于表面张力的存在，液体的表面会产生绷紧的趋势，使液体的表面积尽可能地减小。就像你要把弹簧拉开，弹簧反而表现得具有收缩的趋势一样。

——译者注

这时你会发现，锡箔纸慢慢地沉到了水底，而针会浮在水面上。

事实上，不单是缝衣针，像硬币或薄铁片一类的小东西，只要放得得法，都可以浮在水面上。如果你对这一现象非常感兴趣，还可以去观察自然界中的小生命。有一种昆虫，叫作水黾，它可以

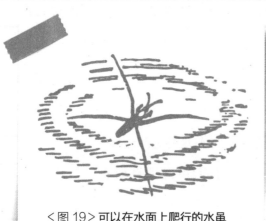

<图 19> 可以在水面上爬行的水黾

在水面上爬行，就跟很多动物在陆地上爬行一样，如图19所示。

当你看到这一现象的时候，相信不会再为此而感到困惑不解了。水黾足部的细毛有疏水性，使其能浮于水面，同时水黾还有效地借助了水膜的表面张力。因此，水黾不但可以很自如地在水面上爬行，还可以非常快地移动跳跃。

用筛子打水

"竹篮打水一场空"，这句俗语相信很多人都听说过。用竹篮打水，水会从缝隙中流走，白费力气却徒劳无功，这几乎是一个不变的定律。等等，先别急着下结论。今天，我们就利用物理学的知识，来完成这个看似不可能完成的任务——用筛子（竹篮）打水！

第一步：找一个直径约15厘米的筛子，注意筛眼不要太大，大概1毫米就行了。

第二步：我们把筛子浸到熔化的石蜡中，片刻之后取出筛子，筛面上就会覆上一层薄薄的石蜡，这层石蜡用肉眼几乎看不出来。

其实，它依然是个筛子，筛面上仍然存在着无数的小孔，如果我们用大头针来测试，会发现大头针可以自由通过筛孔。但不同的是，现在你可以用这个筛子来打水了，而且，它竟然可以装下相当分量的水，而水并没有从筛眼中漏下去。不过，需要注意，在往筛子里倒水时，我们一

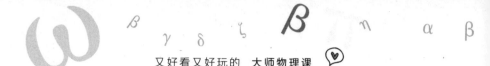

定要非常小心，而且保证筛子不会同其他物品相互碰撞。

那么，问题来了，水为什么没有漏下去呢？

这是因为，石蜡表面不易被水浸湿，因此会在筛眼的表面形成一层凹下去的薄膜，水膜的表面张力就撑住了筛子里面的水，不让水流出。如图20所示。

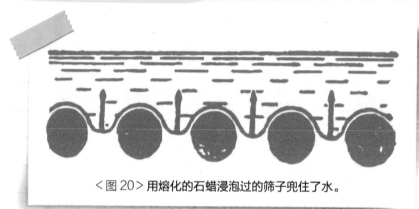

＜图20＞用熔化的石蜡浸泡过的筛子兜住了水。

当然，如果我们把这个浸泡过石蜡液的筛子放到水中，它也不会沉下去，而是浮在水面上。这是同样的道理。

怎么样？这个实验是不是非常不可思议？其实，这个实验可以帮助我们解释生活中的很多现象。比如，在制作水桶或者造船时，通常会在它们的表面涂上树脂，就是利用了油性物体的不透水性，跟用筛子打水的本质是一样的。

魔力肥皂泡

你一定玩过吹肥皂泡的游戏吧？吹肥皂泡，看上去似乎异常简单，完全没有什么技巧可言，但要想把肥皂泡吹得又大又好看却是一门艺术，需要一个熟能生巧的过程。

说到这里，你可能依然会觉得，吹肥皂泡太微不足道了，研究它简直毫无意义。的确，有的读者对这件事并没有多大兴趣，这绝不是一个能帮助我们拉近彼此距离的好话题。不过，物理学家却并不这样认为。

达尔文△曾说过这样的话："吹肥皂泡，然后观察它，我们可以穷尽一生来研究这一问题，并从中不断领悟新的物理知识。"

> ⚠ 1
> 达尔文（1809—1882），英国生物学家，生物进化论的奠基人，代表作有《物种起源》等。达尔文提出了生物进化论学说，从而摧毁了各种唯心的神造论以及物种不变论。

事实的确如此。物理学家们可以从肥皂泡表面奇妙的颜色闪变中，想到测量光波长度的方法；而其薄膜表面存在的表面张力，又能帮助物理学家研究微粒之间的相互作用力。

下面，我们来做一个实验，当然了，这个实验并不是什么严肃的物理学课题；它只能算是一种消遣，让你们更好地了解吹肥皂泡这门艺术。

首先，如何制作吹肥皂泡的水呢?

我们知道，用普通的黄色洗衣皂配制成的肥皂水就可以吹出泡泡。不过，为了吹出更好的肥皂泡，我们不能不花点儿心思——选择纯的橄榄皂或者杏仁皂效果会更好。具体配制方法是：把肥皂小心地放入干净的凉水中，让它慢慢溶解，直到肥皂水的浓度足够浓。为了使吹出的肥皂泡保持的时间更持久一些，我们可以事先在肥皂水中加入一些甘油，其与肥皂水的比例大约是1∶3。

配制好肥皂水后，我们用勺子轻轻地把它表面的泡沫撇去。然后，把一根细长的吸管放到肥皂水溶液里，需要注意的是，吸管底部的内外壁最好提前抹一些肥皂水。当然，我们还可以用稻草秆来代替吸管，稻草秆的长度大约

10厘米，而且底部要剪成十字形。

吹肥皂泡也是有技巧的：把吸管垂直插到肥皂水里，这样，管子周围便形成了一圈薄薄的肥皂膜。这时，我们小心地往管里吹气，就会看到肥皂泡慢慢地膨胀了起来。

如果我们能吹出直径为10厘米的泡泡，说明肥皂水配制得相当成功；如果吹不出来，说明我们需要继续往溶液里加肥皂，直到可以吹出这样的肥皂泡为止。这时，我们可以用蘸有肥皂液的手指轻轻戳一下肥皂泡。如果肥皂泡没有被戳破，我们就可以进行下面的实验了；如果很不幸，肥皂泡被戳破了，则需要我们再加一些肥皂到肥皂水中。

需要说明的是：在做实验时，动作一定要轻且缓慢，同时光线要充足、明亮。否则，我们可能就无法观察到肥皂泡闪变的、如彩虹一般缤纷的色彩了。

接下来，我们来看几个与肥皂泡相关的有趣实验。

实验一：罩在花上的肥皂泡。找一个盘子或者托盘，往里面倒入一些肥皂水，使托盘底部覆盖上一层2～3毫米高的肥皂水。这时，我们在盘子中央放一朵小花，再用一个玻璃漏斗罩在小花上面。我们慢慢提起漏斗，对着漏嘴轻轻地往里吹气。你会看到，一个肥皂泡被吹了出来。等

肥皂泡足够大时，把漏斗倾斜，使它慢慢地与肥皂泡分开，如图21（A）所示。这时，小花上面便会罩上一个圆形的透明肥皂泡，闪烁着颜色各异的光芒。如图21（B）所示。

<图21>肥皂泡小实验

实验二：一个套一个的肥皂泡。想吹出这样的肥皂泡并不难，我们可以借助上面实验中用到的盛有肥皂水的托盘和玻璃漏斗来完成。我们先用玻璃漏斗在托盘中吹出一个最大的肥皂泡，然后，找一根吸管，把它插入先前配制好的肥皂水溶液里，尽量插得深一些。接着，把吸管从肥皂水溶液中取出，再将其穿过大肥皂泡薄膜的中央，插入托盘中的肥皂水中。现在，小心地抽回一点儿吸管，不要把它从肥皂泡里抽出来，开始吹第二层肥皂泡。这时，我们会发现第二个肥皂泡被套在了第一个肥皂泡里面。用同

样的方法，我们可以吹出第三个、第四个……

实验三：利用两个铁丝圈做一个肥皂泡圆筒。首先，我们要吹一个普通的球形肥皂泡，并用一个铁丝圈将它托起，然后，在肥皂泡上面再放一个被肥皂水浸过的铁丝圈。现在，将上面的铁丝圈缓缓地往上提，肥皂泡就会被拉伸成圆筒形，如图22所示。

通过观察肥皂泡，我们还可以发现一些有意思的事情。肥皂泡是由于水的表面张力而形成的，它表面的薄膜始终是被拉紧的，而且封闭在肥皂泡里的空气会向外产生一个压力。如果我们把肥皂泡从温暖的房间拿到寒冷的地方，它的体积会变小；反之，如果我们把它从寒冷的地方拿到温暖的房间里，它的体积又会变大。这是由于气体的热胀冷缩造成的。

<图22>肥皂泡圆筒实验

切不断的冰块

你可能听说过，在压力的作用下，冰块会冻结在一起。但这并不意味着，压力越大，冰块就冻得越结实。事实上，恰恰相反，冰在高压下会融化！只不过，由于温度低于0℃，融化后的冰水又会迅速凝结成冰。⚠

因此，当我们用力挤压两块冰块时，就会发现：由于受到较大的压力，两块冰块接触的部分会融化成水；这些水会迅速流到两块冰块接触部分的缝隙里，在那里其将不再遭受高压，且环境温度低于0℃，所以这些水又会迅速凝结成冰，把两块冰块牢牢地冻结在一起。

1. 冰从固态转变为液态的温度，也就是冰开始融化的温度，称为冰的熔点。一般情况下，冰的熔点为0℃。熔点与压力存在着一定的关系，一般来说，压力越大，熔点越低。例如，冬天在雪地上行进时，积雪会在踩踏的压力下迅速融化，融化温度低于 -5℃。

——译者注

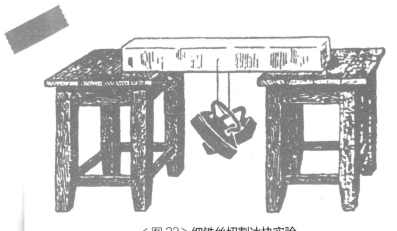

<图23> 细铁丝切割冰块实验

  如果你对上述原理还有一些疑虑，我们可以通过实验来验证一下。

  找一块长条形的冰块，把它的两端架在两张方凳之间。当然，你也可以尝试用椅子或者别的什么物体来代替方凳。然后，找一根长约80厘米的细铁丝，将它拧成一个铁环，套在冰块的中央部位。最后，在铁环的下端系上两个熨斗或者质量为10千克左右的重物。

  这时，我们会发现，在重力的作用下，细铁丝会切入冰块里，并缓慢地切过整块冰块，最后连同重物一起掉落在地上。但是，冰块并没有断成两截。或者说，冰块是完好无损的，就好像根本没有被细铁丝切割过一样。如图23

所示。实验开始前，我们已经介绍了冰块融合的原理，所以，我想，你们当然明白这个实验并没有什么神秘之处。在细铁丝的压力作用下，冰块虽然融化了，但是细铁丝切过上面的冰层后，融化后的水从其压力中释放出来，又会立即结成冰。

简而言之，当下面的冰层被铁丝切割时，上面的冰层已重新冻到了一起。在大自然中，冰是唯一可以用来做类似实验的物质。也正因如此，人们才可以在冰上恣意滑冰玩耍，在雪地里欢快地滑雪、玩雪橇。

滑冰时，我们将身体的重量全都压在了冰刀上。冰刀下的冰受到了极大的压力作用，就会融化，从而形成一层水膜，起到了润滑作用。如此，冰刀就能滑动起来。冰刀滑到哪里，哪里的冰就会融化，但是，只要冰刀一离开，刚刚融化成的水又会迅速冻结成冰。这也是我们能在冰面上自由滑行的原因所在。

我们滚雪球时，也是运用了冰的这种特性。雪球滚在雪上时，因雪球本身的重量使其下面的雪融化，然后又迅速冻结起来，因此就会有更多的雪沾在雪球上，使雪球越滚越大。

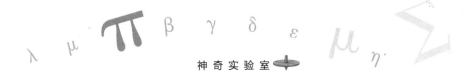

倒立的影像

今天的故事就从伊凡·伊凡诺维奇说起。在果戈理△的小说《伊凡·伊凡诺维奇和伊凡·尼基福罗维奇吵架的故事》中，有这样一段描写：

伊凡·伊凡诺维奇走进房间，发现里面一片漆黑，因为窗户都被护窗板挡住了。但是，有一处景象极为炫目多彩。护窗板上有一个小小的洞眼，太阳的光线从这个小小的洞眼中穿过，形成了彩虹的颜色，照射在对面的墙上，勾勒出一幅五彩斑斓的图画。画上不仅有铺着芦苇的屋顶和树木，甚至还有晾在院子里的衣服，不过，这一切都是倒立的。

⚠①果戈理（1809—1852），俄国批判主义作家，代表作有《死魂灵》《钦差大臣》《伊凡·伊凡诺维奇和伊凡·尼基福罗维奇吵架的故事》等。

下面，我们就来仔细探究一下这个奇妙的故事。如果你的房间里恰好有一扇窗是朝阳的，做起这个

实验就方便多了。这个房间对于你来说就是一个现成的物理实验"仪器"，这个"仪器"还有一个古老的名字——"暗室"。

我们选一个阳光灿烂的晴天，然后找一块大的胶合板或者硬纸板，并用黑纸糊上，再在胶合板或者硬纸板上挖一个小孔。

现在，我们需要把窗户和房门都关上，然后再用胶合板或者硬纸板挡住窗户。一定要挡严，不让光线从四周照进来。接下来，我们在窗户对面距离小孔有一定距离的地方竖直放一张大大的白纸板。这时，白纸板就是我们的"屏幕"了。做完这一步，我们就可以在房间里欣赏美景了，外边的景色会通过这个小孔显现在"屏幕"上。如图

<图24> 上下颠倒的图像

24所示，白纸板上出现了一幅图画，画面中不仅有房子、树木、动物，甚至还有行人，就像电影一样。不过，这些景象是颠倒的：房子的屋顶、人的脑袋等全都朝下。

这个实验说明：光是沿直线传播的。从物体上部射来的光线和从物体下部射来的光线到达小孔处时发生了交叉，然后继续沿直线传播。于是，从物体上部射来的光线向下传播，从物体下部射来的光线向上传播。我们可以想象，如果光线不是沿直线传播，而是弯曲或曲折的，那我们看到的景象就会大不相同，甚至什么也看不到。

值得注意的是，不管小孔的形状如何，都不影响成像的结果，无论小孔是方形、三角形、六角形或者其他形状，我们在屏幕上所看到的景象都是一样的。

晴天的时候，在浓密的大树下，我们会观察到一个个椭圆形的光点，它们其实就是阳光穿过树叶的间隙所"绘制"出来的太阳的像。它们之所以类似圆形，是因为太阳是圆的；同时，由于光线是斜射到地面的，所以，这些圆形被拉长了。如果你将一张纸放在与太阳光线垂直的地方，你将会在纸上看到一个正圆形的光点。出现日食时，月亮把太阳遮盖成了月牙形，这时树下的光点也会变成月

牙形。

日常生活中使用的照相机实际上就是一个"暗室"，只不过人们在照相机里面设置了一个机关，可以使所成的像更加清晰。在照相机后面有一块毛玻璃，它的作用就是成像，当然，所成的像也是倒立的。在以前，摄影师在照相的时候，会用黑布盖住自己和照相机，就是为了防止在查看图像时眼睛受周围光线的干扰。

我们也可以自己动手做一个这样的"照相机"。找一个长方形的纸箱，在纸箱其中一面的纸板上打一个小孔，然后，把小孔对面的纸板拆掉，并贴上一张油纸，这张油纸的作用类似前面提到的毛玻璃。这时，我们把纸箱拿到刚才做实验的"暗室"里，让纸箱的小孔和挡住窗户的硬纸板上的小孔重合。这样，我们就可以在油纸上看到窗外的景象，当然，所成的像仍然是倒立的。

其实，这个"照相机"的便利之处在于，无须待在"暗室"里，我们一样可以看到所成的像。我们可以把它带到户外的任何地方，然后用一块黑布盖住我们的头和"照相机"，以防止周围光线的干扰，这样，就可以在油纸上看到外面的世界所成的像了。

颠倒的大头针

在前面的实验中，我们说到了"暗室"，探讨了它的制作方法。不过，还有一件有趣的事情我没有说，那就是，我们每个人身上都有一对小型的"暗室"。你知道这对"暗室"是什么吗？没错，是我们的眼睛。

从构造上来说，眼睛跟上文中我们制作的那个纸箱"照相机"是一样的。我们知道，眼睛上有一个瞳孔。千万不要以为瞳孔只是眼球上的一个黑色的小圆圈，事实上，它是通向我们视觉器官黑暗内部的小孔，作用跟上文中提到的"暗室"的小孔差不多。瞳孔前面有一层透明的薄膜——角膜，角膜下面覆盖着胶状的透明物质；瞳孔后面紧贴着透明的晶状体，它的

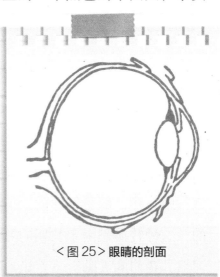

<图25> 眼睛的剖面

形状跟凸透镜差不多。从晶状体到眼球后壁之间的整个区域，都是用来成像的，这里面充满着透明物质。如图25所示，这是眼睛的剖面图。眼睛的这种构造不仅不会影响成像，而且会使成像的结果更清晰、明亮。

1 　　眼睛成像的过程大致是这样的：当光线从物体上反射到眼睛中时，首先通过角膜，这是一个透明的凸面结构，帮助聚焦光线并保护眼睛。接着，光线穿过瞳孔后，会通过晶状体。晶状体是一个透明的凸透镜，能够通过改变形状调节焦距，从而实现对物体成像的调节。当光线通过晶状体后，会在眼球内部的视网膜上形成一个倒置的、缩小的图像。

　　　　　　　　　　　　　　　——译者注

　　另外，物体在我们的眼睛中所成的像是非常小的。比如，一根高度为8米的电线杆，当我们站在距它20米远的地方看时，它在我们眼睛里所成的像大概只有0.5厘米高。

　　有意思的是，虽然物体在我们眼中所成的像与在"暗室"中一样，都是倒立的，但我们所看到的物体却是正立的。这种转换是由于长期的习惯造成的，因为根深蒂固的习惯，我们的大脑会下意识地把看到的物体自动转换为正常状态。

关于这一点，我们同样可以通过实验来验证。试想一下，如果我们千方百计要在眼睛里呈现一个没有颠倒的、自然状态的物体的图像，我们会看到什么呢？刚才提到，我们已经习惯于把看到的景象进行翻转，如此，实验中的景象自然也会被翻转，结果，我们看到的景象反而不是正立的，而是颠倒的了。事实确实如此。下面的实验可以更加明确地说明这一点。

第一步：找一张明信片和一根大头针，用大头针在明信片上扎一个小孔。

第二步：用一只手举起明信片，使它正对着窗户或者台灯，并使右眼与明信片的距离大概为10厘米。

第三步：用另一只手取一枚大头针，把它举到明信片前面，也就是明信片和眼睛中间的某处，使大头针的针帽对着小孔。

接下来，我们的眼睛将会看到一番无比奇妙的景象：大头针出现在了小孔的后面，而且大头针上下颠倒了！如图26所示。当我们把大头针稍稍往右移动时，我们的眼睛看到的图像却是它在往左移动。这一不可思议的现象是如

何发生的呢？这恰恰是
由于，此时，大头针在
我们的眼睛中所成的
像不是颠倒的，而是
正立的。

在这个实验中，明
信片上的小孔扮演的是
光源的角色，由这个小
孔射入的光线把大头针

<图26>我们的眼睛看到的颠倒图像。

的阴影投射到了瞳孔上。此时，在我们眼睛的后壁上会形
成一个圆形的光斑，这就是明信片上的小孔所成的像，光
斑上面有一个大头针的轮廓，而且大头针是正立的。这是
由于这个阴影距离瞳孔太近了，所以图像根本没有上下颠
倒，仍然是正立的。同时，由于我们的眼睛只能看到小孔
范围内的大头针，因此，我们会误以为大头针在明信片
后面。而由于我们早已养成了根深蒂固的习惯，习惯于
把看到的所有景象进行翻转，因此原本正立的大头针在我
们眼中又会变得上下颠倒了。

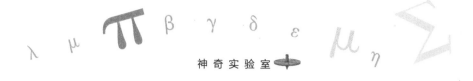

镜子中的秘密

生活中，有一些常识可能并不为人们所熟知，比如，我们每天都会用到镜子，可实际上并非人人都能用好它。或许你也看到过这样的景象，有人为了看清楚镜子中的自己，把灯放在自己身后，以为这样可以照亮自己。其实，这种做法是错误的，灯照亮的只是他的影子罢了。

说到这里，我再问你一个简单的问题：镜子中的景象与实物是完全相同的吗？好吧，我们还是通过实验来验证一下吧。

1 　平面镜成像是光线反射的结果。光遇到水面、玻璃以及其他许多物体的表面都会发生反射。当光从一种介质射向另一种介质的表面时，会改变传播方向又返回原来的介质中的现象，称为光的反射。太阳或者灯的光照射到我们身上后，被反射到镜面上，平面镜又将光反射到我们的眼睛里，因此我们看到了自己在平面镜中的虚像。所以，光源放在身前可以很好地照亮我们的身体，使光线更容易发生反射。

——译者注

实验开始前，需要你在桌子上竖直放一面镜子，然后在镜子前面放一张纸。现在，请你坐到桌子的前面，你能在这张纸上画出一个带对角线的长方形吗？请注意，我们的实验要求是，画的时候不要看自己的手，而是通过前面的镜子观察手的动作，如图27所示。

<图27>通过镜子观察手的动作，你能在纸上画出一个带对角线的长方形吗？

你会发现，原本你认为再简单不过的事情，此刻却成了无法完成的任务。实际上，在不断进化的过程中，我们的视觉印象（眼睛）和运动感觉（手）早已达成了默契，然而这里的镜子却轻易破坏了这种默契。在眼睛看来，手

的运动完全变了样，以往形成的习惯此刻成了手的每一步动作的阻碍：当你想往右画线条时，手却不听使唤往左边移动，反过来也是一样。

画如此简单的图形你尚且无法完成，如果让你对着镜子在纸上写字，你可能会更加抓狂。你会发现，写出来的字你一个也不认识，就像天书一样。

在镜子中，报纸上的字也是反的，事实上，镜子中的字与报纸上的字成对称关系。如果让你通过镜子来读报纸上的新闻，你能流利地读出来吗？

此刻，你的舌头或许已经开始打结了，因为即便是写得很清楚的字，也由于跟我们习惯上认识的字不一样，让你根本认不出来。

不过，这种局面是完全有可能改善的。我们可以再找一面镜子，把它垂直放在报纸上，并使它对着原来的镜子。如此一来，镜子里所有的字都恢复了正常。也就是说，通过镜子的两次反射，把字反向后的影像又反向了一次，使它显现出了本来的面目。

透过彩色玻璃看花朵

如果我们透过不同颜色的玻璃看花朵，花朵会变成什么颜色呢？比如，透过绿色玻璃看红色的花朵，花朵会是什么颜色？透过绿色玻璃看蓝色的花朵，花朵又会是什么颜色呢？

事实上，只有绿色的光才能穿透绿色的玻璃，其他色彩的光线都会被屏蔽掉。而红色的花只能反射红色光线，它几乎无法反射别的颜色的光线。如果透过绿色玻璃看红色的花朵，由于红色的花朵反射过来的红色光线都被绿色玻璃屏蔽掉了，我们接收不到任何光线，所以，透过绿色玻璃所看到的红花是黑色的。同样道理，透过绿色玻璃看蓝色的花朵，也只能看见一团黑。

米·尤·皮尔托勒斯基是一位伟大的物理学家，也是一位著名的画家。他对大自然有着敏锐的观察力，在他的著作《夏日远足中的物理学》中，提到了很多与这一现象相关的趣事。

如果透过红色的玻璃看红色的花朵，如天竺葵，花朵的颜色会显得特别鲜艳。而且，这朵花的绿叶看起来是黑色的，并呈现出金属光泽。若是透过红色的玻璃看蓝色花朵，叶子的颜色会变为黑色，花朵也变作漆黑一团。如果透过红色玻璃观察黄蔷薇等黄色的花朵或者玫瑰色、淡紫色的花朵，这些花都会不同程度地暗淡许多，显得有些朦胧。

透过绿色的玻璃观察绿叶，你会发现叶子会显得特别明亮；同样，透过这块玻璃看黄色和浅蓝色的花朵，花朵会显得有些暗淡；而红色的花朵则变成了一团黑色；看淡紫色或淡粉色的花时，花的颜色会变得暗淡发灰，比如淡粉色的蔷薇花的花瓣，看上去比那浓密的叶片颜色还要暗。假如透过蓝色玻璃观察红色的花朵，看到的依然是黑色；白花看起来呈明亮的蓝色；黄花看起来完全是黑色的；而蓝色的花朵在蓝色玻璃下会显得异常耀眼。

由此不难发现，同其他颜色相比，红花更容易把红色光线反射到我们眼中；而黄色的花朵几乎反射了等量的红光和绿光，但几乎不反射蓝光；粉红色及深紫色的花朵能反射出较多红光和蓝光，但几乎不反射绿光。

用冰块取火

当我还是小孩子时，我就喜欢看哥哥用放大镜来点燃纸片。把放大镜放在阳光下，就会出现一束耀眼的光点，把这个光点对着纸片，不一会儿，纸片就开始冒烟了。最终，你会发现，纸片被点燃了。

对于这一现象，我并不感到很惊奇，最多只是觉得有点儿有趣罢了。我知道，因为放大镜对光有聚焦作用，所以纸才会被点燃。可是，有一天，哥哥突然对我说："你知道吗？用冰也可以把纸点燃。"

"用冰把纸点燃？别开玩笑了，这太令人难以置信了！"我瞪大眼睛说。

哥哥笑了："如果直接用冰去点火，那的确无法实现。不过，在我们这个实验里，冰只是充当一个介质，就像放大镜一样，我们可以把冰做成外边薄、中间厚的透镜，然后就可以用它来收集太阳的光线了。"

"无论把冰做成什么形状，但冰还是冰，本质没变啊，怎么可以用冰来点火呢？"我还是不信。

<图28> 把盆里的水冻成冰透镜

"如果你还有疑问，我们就通过实验来验证一下吧。"哥哥胸有成竹地说。

哥哥让我找来一个底部呈圆弧形的盆，并对我说："在这个实验中，盆越大越好，因为冻成的冰透镜越大，才能把更多的阳光聚焦在一个点上。"然后，哥哥往盆里倒满清水，将它放到冰箱里，准备把水冻成冰。如图28所示。

为了将实验道具快点儿冻好，我们把冰箱的温度调到了最低温度。过了一段时间，冰冻好了。哥哥看着这个大冰块，满意地说："现在，我们有了一个冰透镜，这个透镜一面是平的，而另一面是凸起的。"接着，哥哥把结冰的盆放到了另外一个大一些的装满热水的容器里。很快，盆边上的冰融化了。我们把盆端到院子里，把做好的冰透镜放到了一块板子上。

"今天阳光明媚。"哥哥眯着眼睛看了一下太阳说，

"很好，这是一个最适合点火的天气。来，拿着这个纸片。"我很小心地捧着纸片，哥哥则用两只手端起了我们用冰做好的透镜，然后，把它对着太阳聚焦。不过，就是这样一个简单的步骤却让他试了很长时间。

最终，哥哥把穿过透镜的一束最亮的光汇聚在了我手中的纸片上。当光点停留在我手上的时候，我实实在在地感受到了它的温度。就在那一刻，我意识到哥哥是对的，因此对冰能点燃纸片已深信不疑。

实验继续进行。当光停留在纸片上大约1分钟后，我们就看到纸片慢慢燃烧起来了。如图29所示。

"你看到了吧？这次我们可是用冰把纸片点燃的。"哥哥微笑着说，"如果你掌握了这个方法，以后去极地探险，即使没有火柴也能生火取暖了。"

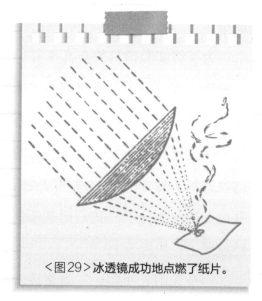

<图29>冰透镜成功地点燃了纸片。

24

磁针实验

在前面的实验中，我们曾轻而易举地让一枚缝衣针浮在水面上。现在，我们可以运用所学到的知识，来做一个更加有趣的实验。

在做这个实验之前，你需要先找一个碟子，然后往碟子里加入一些水，并让一根缝衣针浮在水面上。接下来，你还要找一块马蹄形的小磁铁。当你把小磁铁靠近水面浮着针的碟子时，你会发现，碟子里的缝衣针会向磁铁的方向游去。

我们把缝衣针放到水面上之前，如果先用磁铁顺着同一方向摩擦几下缝衣针（注意，必须使用磁铁的一端朝一个方向摩擦几次，而不是来回摩擦），实验效果会更明显。这是因为，经磁铁摩擦的缝衣针，带上了磁性，变成了磁针。

所以，这次，即便我们拿没有磁性的普通铁块来靠近碟子，缝衣针一样会向铁块的方向游动。

　　事实上，我们可以利用带有磁性的缝衣针做很多有意思的实验。例如，把它放在盛水的碟子里（让它漂浮在水面上），我们会发现，这时的缝衣针就像指南针一样，固定地指向南北方向。转动碟子时，磁针并不会随着碟子转动，仍然一端朝南，一端朝北。这一次，如果我们把磁铁的一端靠近磁针的某一端，就会发现，磁针并不一定被磁铁吸引，甚至有可能被排斥开。这一现象说明了磁铁具有同极相斥、异极相吸的性质。

　　在了解了磁铁之间相互作用的原理后，我们可以利用这一物理知识来制作一艘有意思的纸船。制作方法很简单，就是折好纸船后，在船舱里藏一枚磁针。此外，我们需要事先准备一块磁铁，并偷偷地把磁铁藏在手心里。我们把纸船放在水面上后，就可以隔空遥控纸船的航向了！

如图30所示。这是不是很神奇？你的小伙伴们肯定会为此大吃一惊的！

< 图 30 > 用磁铁可以隔空控制藏有磁针的小船。

25

有磁性的剧院

确切地说，这不是一个真正意义上的剧院，更像是一个杂技团，因为里面的演员都是在铁丝上跳舞的。当然，这些演员不是真的舞者，而是我们用纸剪出来的。

<图31> 在铁丝上表演的纸人

如果这个实验已经成功地勾起了你的兴趣，那么，还等什么呢？一起动手试试吧。

首先，我们用硬纸板剪出一个剧场，在剧场下方拉上一根水平的铁丝，然后，在舞台的上方固定好一个马蹄形磁铁。

接下来，我们来制作在剧场表演的"演员"。同样

地，我们还是用纸剪出这些表演者，最好剪出几个姿势都不相同的"演员"，让它们一起表演。还要注意的是，每个"演员"的背后要粘上一根磁针，因此，在剪纸人的时候，纸人的身高要与针的长度差不多相等。

如图31所示，当把"演员们"放到铁丝上时，由于"演员们"身后的磁针被舞台上方的磁铁吸引△，所以，它们不仅不会跌倒，还会奇迹般地站立在铁丝上。如果我们轻轻动一下铁丝，"演员们"就仿佛有了生命一般，左摇右摆，上下跳动，而且绝对不会因失去平衡而摔落在地。

> **1**　磁体周围存在着磁场，能使磁针偏转。磁场是一种看不见、摸不着，而又客观存在的特殊物质，磁场对放入其中的磁体有磁力的作用。当磁铁靠近磁针时，磁铁产生的磁场会与磁针自身的磁场相互作用。根据磁场同性相斥、异性相吸的性质，当磁铁和磁针之间的磁场方向相反时，它们之间会产生引力，而当磁场方向相同时，它们之间会产生斥力。
>
> ——译者注

带电的梳子

如果你认为只有掌握了大量物理知识，才能尝试进行物理实验，那就大错特错了。事实上，哪怕你对电学知识所知甚少，仍然可以做一些有趣的电学实验。这样的一些小实验，将会让你领略到自然界中蕴藏的奇妙力量。

众所周知，做任何实验都需要一定的实验环境，电学实验也不例外。下面要说的这个实验适合在冬季温暖的房间里进行，这是因为，这类实验在干燥的空气中进行效果最佳。显然，冬天房间里被取暖设备加热的空气要比夏天干燥得多。

好了，我们还是步入正题吧。首先，你要保证你的头发完全干燥，然后，用一把同样干燥的普通梳子顺着头发梳下来。如果你在温暖而安静的房间里做这个实验，此时你就会听到头发发出细微的噼啪声。这是梳子和头发摩擦产生了电。

其实，除了头发，梳子还可以通过与其他物体摩擦而

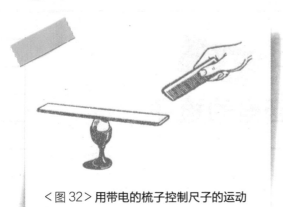

<图32> 用带电的梳子控制尺子的运动

带上电。用一块干燥的毛毯来摩擦梳子，也可以让梳子带电，而且比梳头发产生的电量要大得多。

梳子带电后的特性，也会在实验中显现，比如能够吸引小而轻的物体。当你把摩擦后的梳子贴近碎纸片、稻壳等比较轻的物体时，它们就会贴在梳子上。如果你的兴致很高，还可以折一艘小船。把小船放在水面上，你就可以用带电的梳子来指挥小船移动了，就像拿着一根神奇的指挥棒。

接下来的实验更有意思。先准备一个干燥的高脚杯，把鸡蛋放入杯子里，接着将一把长尺放在鸡蛋上，让长尺保持水平状态。然后，用手拿着带电的梳子慢慢靠近长尺的一端，这时，你会看到长尺神奇地转动起来了。如图32所示。而且，你可以用梳子"指挥"尺子，让它向左、向右，甚至原地转圈圈。

27

听话的鸡蛋

不只是梳子可以通过摩擦带上电，其他物体同样具备这样的特性。比如，我们用火漆棒在毛衣或法兰绒上摩擦，火漆棒也会带上电；用丝绸摩擦玻璃管或玻璃棒，也可以让它们带上电。不过，要想让玻璃带上电，要求环境必须非常干燥。

物理实验总是能给人们带来很多乐趣。现在，我们再来做一个关于摩擦起电的很有意思的实验。这个实验需要我们准备的道具非常简单，只需要一个生鸡蛋和一个带电的木棒。

第一步：先在鸡蛋上打一个小孔，把里面的蛋清和蛋黄慢慢倒出来；如果想倒得快一些，可以在另一

<图33> 用带电的木棒指挥空蛋壳

边也开一个小孔，然后对着这个小孔吹气，蛋液就会从另一个小孔中跑出来，这样我们就得到了一个空蛋壳。

第二步：用蜂蜡将空蛋壳上的两个小孔封住，然后把空蛋壳放在平滑的桌面或大的平底盘子上。接下来，你就可以用一根摩擦后带电的玻璃棒控制蛋壳转动了。如图33所示。

如果你的朋友不知道鸡蛋仅仅是个空蛋壳的话，他一定会为此惊诧不已。最先做这个实验的人是著名的科学家迈克尔·法拉第⚠。其实，除鸡蛋壳外，一些其他物体，例如纸屑、小而轻的珠子等，也会随着带电小棒运动。

> ⚠ 迈克尔·法拉第（1791—1867），英国物理学家、化学家，也是著名的自学成才的科学家。1831年10月17日，法拉第首次发现电磁感应现象。1831年10月28日法拉第发明了圆盘发电机，是人类创造出的第一台发电机。法拉第在电磁学方面做出了伟大贡献，被世人称为"电学之父"。

会跳舞的小纸人

哥哥今天也不知怎么了，整个人都很兴奋，他还说晚上会和我做一些有关电的实验。

到了晚上，我来到哥哥的房间里，只见他正用一只手把报纸按在烘热的炉壁上，另一只手拿着一把刷子熟练地刷它，就像要刷平墙纸的工人一样。

"注意，看！"哥哥说着把两只手同时从报纸上拿开。我还以为报纸会滑落到地上呢，但令我惊讶的是，报纸牢牢地贴在炉壁平滑的瓷砖上，就像被粘住了一样。

"它是怎么贴在上面的？"我疑惑地问，"你刚才没有涂胶水呀！"

"是电，电把报纸吸在了炉壁上。"

"你手里的报纸带电呀？你刚才没告诉我。"

哥哥平静地回答："报纸一开始是不带电的。我刚才刷它的时候，它才带上电。换句话说，通过刷子的摩擦，报纸带上了电。"

　　"这就是你说的电学实验？"

　　"是的。不过，这只是开始……"说着，哥哥问我要了一张厚厚的作业纸——比报纸还要厚，并用它剪了一些姿态各异的小纸人。这些小纸人看起来好笑极了。

　　"等一下，我们让这些小纸人跳舞。来，给我一些大头针！"很快，哥哥在每个小纸人的脚上都钉上了一枚大头针。

　　"这是为了不让小纸人飞走，或者被报纸带走。"说着，哥哥把小纸人放在了茶盘上，"下面，舞会正式开始！"

　　哥哥从炉壁上把报纸揭下来，用双手水平托住，慢慢移动到茶盘上方。

<图34> 会跳舞的小纸人

　　"起！"哥哥发出指令。我惊呆了，小纸人就像被施了魔法一样，乖乖地站了

起来。它们就那么直挺挺地站在那里，直到哥哥把报纸移开，它们才又躺回去。但哥哥似乎并不打算让小纸人长时间休息，他把报纸一会儿移近一些，一会儿又拿远一些，小纸人也就一会儿站起来，一会儿倒下去。如图34所示。

"大头针的作用是增加小纸人的重量，如果没有在小纸人的脚上钉大头针，它们就会被报纸吸引过去，紧贴在报纸上。看！"说着，哥哥把几个小纸人脚上的大头针取了下来，"它们是不是完全粘到报纸上了，并且粘得非常牢？这其实就是静电引力。下面，我们再来做一个静电斥力的实验。哦，帮我找一把剪刀。"

我把剪刀递给哥哥。哥哥把报纸重新贴到炉壁上，然后沿着报纸的一边，自下而上剪出了一条细长的纸条，不过，纸条并没有剪到头，而是在最上面留了一点儿没有剪断。接着，按照同样的方法，哥哥又剪了第二条、第三条……他一共剪了六七条纸条，由此得到了一束纸须。如图35所示。

接着，哥哥把纸须整个剪了下来。跟我想的一样，纸须并没有滑下来，而是仍然贴在炉壁上。哥哥用手按住纸须的上端，用刷子顺着纸须刷了几次，然后将纸须从炉壁

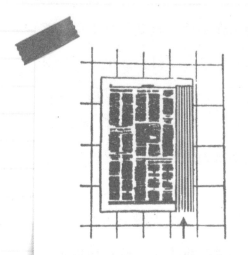

<图35>哥哥在报纸的右侧剪出了
六七条纸条，由此得到了一束纸须。

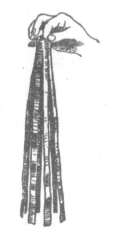

<图36>带电的纸须

上揭了下来。如图36所示。

我发现，此时纸条并没有自然下垂，而是像喇叭花那样向四周散开，明显地相互排斥。

哥哥解释道："纸条之所以相互排斥，是由于它们带了同极的电荷。当纸条靠近不带电的物体时，它们就会被吸引。你可以试一下，把手从下面插进纸须的空隙中，纸条就会粘到你的手上。"

我蹲下身来，听话地把手从纸须中间的空隙伸进去，试图在这里占据一方天地。遗憾的是，我并没有成功，纸

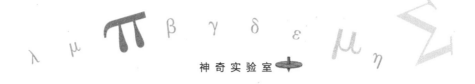

条就像蛇一样，缠在了我伸过去的手上。

"你怕不怕这些蛇？"哥哥打趣地问。

"这有什么可怕的？纸蛇又不是真的蛇。"我好笑地说。

"不怕？好，那我就让你见识一下它们的厉害！"说着，哥哥把纸须举到了自己的头顶上方。我发现，哥哥的头发一根一根都竖了起来。

"这是实验吗？哥哥，快告诉我，这真的是实验吗？"

"没错，这跟我们刚才的实验一脉相承，原理都是一样的，只不过我换了一种方式而已。头发受到纸须静电的影响，所以会被纸须吸引。你去拿一面镜子来，我让你看看自己的头发是如何竖立起来的。"

"疼不疼？"我颇有些担心地问。

"一点儿也不疼。"哥哥笑道。

果然，就像哥哥说的那样，我没有感觉到一丝疼痛，甚至也没有感觉到痒。与此同时，我从镜中看到，自己的头发也在纸须的吸引下，一根根地竖立起来了。

我们终于做完了今天所有的实验，我的谜团也一个个地解开了。

点不燃的纸

不是所有的纸都能被火点燃，下面这个实验将向你展示，纸带不会被蜡烛的火焰点燃。

第一步：将细而窄的纸带缠绕在铁块上，就像医院里护士姐姐缠绷带一样。

第二步：将缠满纸带的铁块放到蜡烛的火焰上方。

这时，你会发现，纸带最多会被火焰熏黑，而不会被火焰点燃。

这是为什么呢？

事实上，这个实验的关键，不是燃烧的蜡烛，也不是纸带，而是铁块。

跟所有的金属一样，铁块具有非常好的导热性，它把纸条从蜡烛的火焰那儿得到的热量吸走了，纸条达不到燃点，所以不会被点燃。如果用木块代替铁块，由于木块的导热性很差，纸带就会燃烧起来。

沸水可以将水烧开吗

让我们来做一个实验。找一个小玻璃瓶，往瓶里倒入一些水，然后把它放在盛有水的锅里，在锅下面生火加热。需要注意的是，小玻璃瓶不能接触锅底。我们可以用金属丝把小玻璃瓶挂起来。

当锅里的水开始沸腾时，注意观察小玻璃瓶里的水——看上去，它似乎很快也要沸腾了。但是，我们左等右等，小玻璃瓶里的水却始终沸腾不起来，虽然瓶里的水变得很烫，但就是无法沸腾。没错，锅里烧开的水并不能使小玻璃瓶里的水沸腾。

这个结果是不是有点儿出乎你的意料？其实，这个结果并不意外。

我们知道，要想使水沸腾，不仅需要把水加热到100℃，还需要有足够的热能储备，使水从液态变为气态。纯净水在加热到100℃时会沸腾，但在通常的气压下，无论再怎么加热，水温都不会超过这个值。对于小玻

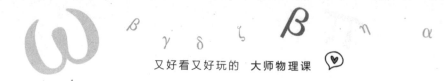

璃瓶里的水来说，锅里的水就是它的热源。这个热源确实可以使小玻璃瓶里的水温达到100℃，但是，当锅里的水和小玻璃瓶里的水温度相同时，锅里的水就不再向小玻璃瓶里的水传递热量了。所以，不管我们如何加热锅里的水，都无法提供多余的热能使瓶里的水转化为水蒸气。这就意味着，玻璃瓶里的水虽然会被持续加热，但就是不会沸腾。

说到这里，你或许还会产生这样的疑问，小玻璃瓶里的水和锅里的水仅仅隔着一层玻璃而已，为什么小玻璃瓶里的水就是无法沸腾呢？

其实，正是由于这一层玻璃，妨碍了小玻璃瓶里的水参与到锅里的水进行的水流循环中。对于锅里的任何一滴水来说，都有可能接触灼热的锅底，获得使其变为水蒸气所必需的那份额外的热能，但小玻璃瓶里的水只是接触了沸腾的水。

所以，普通的沸水是无法将小玻璃瓶里的水烧开的。但是，如果我们往锅里加一点儿盐，情况就大不一样了，瓶子里的水马上就会沸腾起来。这是因为，盐水的沸点要高于100℃，自然能使小玻璃瓶里的水沸腾。

可以用雪将水烧开吗

通过前面的实验，我们知道，纯净的沸水无法使玻璃瓶里的水沸腾。那么，好奇的读者可能会继续发问："如果用雪呢，可以成功吗？"关于这个问题，我们还是让下面的实验来告诉你答案吧。

我们依然用前面的小玻璃瓶作为实验的道具。**往瓶里倒入差不多半瓶水，然后把它放在沸腾的盐水中**，这样做，是为了使小玻璃瓶里的水沸腾起来。当瓶里的水沸腾时，我们取下玻璃瓶，迅速用瓶塞塞紧瓶口。然后，把瓶子倒置，等到瓶里的水不再沸腾的时候，往瓶子

< 图 37 > 雪或冷水能使小玻璃瓶中的水沸腾。

上浇一些开水。这时，我们会发现，水并没有再次沸腾。

但是，如果我们往瓶子的底部放一点儿雪，或者用冷水去浇瓶子的底部，我们会惊奇地发现：水又开始沸腾了！如图37所示。

雪或冷水居然可以令水沸腾，这太神奇了！这时，如果我们用手摸一下瓶子，会发现瓶子并不是很烫，只是有点儿热而已。但是，瓶子里的水却在沸腾。

此时，一定有很多读者忍不住要询问其中的原因。其实，道理很简单，雪或冷水降低了玻璃瓶的温度，使瓶子里的水蒸气受冷凝结成了小水滴。由于水在第一次沸腾时，瓶里的空气已经被排出瓶外了，在瓶里的水变凉后，其所受到的气压会变低。我们知道，气压降低时，液体的沸点也会变低，所以，我们会看到瓶里的水沸腾了。⚠ 不

1

当气压升高时，水的沸点会升高；气压降低时，水的沸点也会降低。这是因为，水面上的气压会阻止水分子的蒸发，一旦气压升高了，这就意味着水变成水蒸气需要具备更高的温度。同样地，当气压降低时，就像水面上防护的盔甲变少了，水能够在较低的温度下蒸发、沸腾。

——译者注

过，虽然水沸腾了，但那并不是100℃的热水，所以水并不烫。

做这个实验需要注意的是，如果玻璃瓶的瓶壁很薄，在水蒸气突然凝结时，由于瓶内的气压瞬间变得很低，瓶外的气压有可能把瓶子压碎。所以，做这个实验的时候，最好用圆形烧瓶。这样，外界

<图38> 外界的气压会把白铁罐压扁。

的气压就会作用在拱形瓶底上，瓶子不会轻易被压碎。

如果我们选择用装煤油、润滑油之类的白铁罐来做这个实验，看到的景象或许会更为直观。同样地，我们先在罐里装上一些水，等水沸腾后用盖子盖好罐口，然后往罐子上浇冷水。如图38所示，在外界气压的作用下，内部充满水蒸气的白铁罐会立即被压扁。这是因为，遇冷后，罐内的水蒸气瞬间凝结成了小水滴。如此一来，白铁罐就变得皱巴巴的了，就像被砸过一样。

自制"编钟"

今天要做的是一个与音乐有关的实验——用普通的玻璃瓶制作一个简易的"编钟"。

如图39所示。将两根长杆水平地架在两把椅子上，然后在每根长杆上分别挂8个装有水的玻璃瓶。不过，每个瓶子里的水都不一样多，第一个瓶子里的水基本上是满的，后面的瓶子中的水依次减少，最后那个瓶中只有一点水。瞧，是不是很像中国古代的一种名为编钟的乐器？

现在，用一根干燥的小木棍去敲击这些瓶子，你将听到不同音阶的音调。瓶子里的水越少，音调就越高，所以，你可以通过加水或者减少水，来调出自己想要的音调。

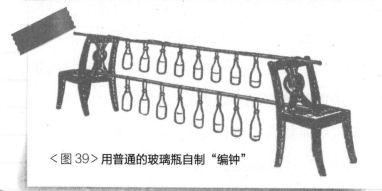

<图39> 用普通的玻璃瓶自制"编钟"

又好看又好玩的

大师物理课

声·光·热·电·磁

[苏] 别莱利曼 / 著

申哲宇 / 译

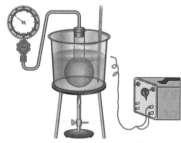

北京联合出版公司

Beijing United Publishing Co.,Ltd.

图书在版编目（CIP）数据

声·光·热·电·磁／（苏）别莱利曼著；申哲宇
译. —北京：北京联合出版公司，2024.6
（又好看又好玩的大师物理课）
ISBN 978-7-5596-7588-0

Ⅰ．①声… Ⅱ．①别… ②申… Ⅲ．①物理学—青少
年读物 Ⅳ．①O4-49

中国国家版本馆CIP数据核字（2024）第077829号

又好看又好玩的 大师物理课 声·光·热·电·磁

YOU HAOKAN YOU HAOWAN DE DASHI WULIKE   SHENG·GUANG·RE·DIAN·CI

作　　者：［苏］别莱利曼

译　　者：申哲宇

出 品 人：赵红仕

责任编辑：徐　樟

封面设计：赵天飞

北京联合出版公司出版

（北京市西城区德外大街83号楼9层　100088）

水印书香（唐山）印刷有限公司印刷　新华书店经销

字数300千字　875毫米×1255毫米　1/32　15印张

2024年6月第1版　2024年6月第1次印刷

ISBN 978-7-5596-7588-0

定价：98.00元（全5册）

CONTENTS
目 录

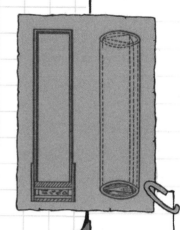

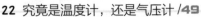

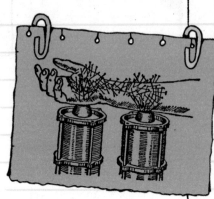

声速

　　声速，指声波在介质内传播的速度，即一秒钟的传播距离。它的快慢与介质的性质和温度密切相关。15℃时，声音在空气中的传播速度为340米/秒。这是不是很快？但你也许不知道，声音在液体、固体里传播的速度更快。

　　声音在常温水中的传播速度为1480米/秒，约为在空气中传播速度的4倍，所以在水中能清楚地听到各种噪声：潜水员在水里工作时，能听清岸边的声音；水里的鱼儿对岸上的声音十分敏感，当渔民要抓它们时，它们会立刻逃走。

　　声音在木头、骨头这样的固体中传播速度也很快。把一根木棒的一端贴在耳边，让同伴在另一端敲打，你能清楚地听到击打声。这时，如果四周足够安静，你还能听到更细微的声音——把机械手表贴靠在木棒一端，你在另一端甚至能听到秒针走动的嘀嗒声。

　　声音在铁轨、铁管或土壤中的传播也很迅速。古代

的军队在行军或打仗时，有些士兵会用耳朵贴着地面，去探听敌人的马蹄声，就是因为声音在土壤里的传播速度比在空气里快。他们利用这个原理提前判断出敌人所在的位置，还通过这个方法提前听到大炮的射击声。

在坚韧的固体中，声音的传播速度也相当快。如果换成柔软的布料，或是其他湿润、松软的物质，声音就很难传播；因为这些物质能吸收声音的能量。你如果想防止邻居听到你和家人的谈话，可以在墙上挂上一张厚厚的毯子来隔音。其他柔软物体，如衣服、窗帘等，它们也都有良好的隔音效果。

前面，我曾提到，声音在骨头里也可以传播。声音通过骨头传给听觉神经，而且这个声音听上去会相当响。下面我们就做个实验证明一下吧。

准备一根细长的绳子，在其中间绑一个金属汤匙，并且绳子也要绑在汤匙中间。然后，把绳子的两头分别放在两只耳朵上，用手捂住耳朵，以免外界声音传入耳中。最后，用汤匙敲打坚硬的物体，你就能听见敲钟一样的声音。如果把汤匙换成更硬更重的物体，声音会更响亮。

奇异的听觉

在吃很脆的食物时，你会听到自己发出的很响的咀嚼声，越用力嚼，声音也就越响；但站在你身边的人听到的咀嚼声就不那么响。为什么会这样？

因为，当你吃很脆的食物时，咀嚼声会直接传入你自己的耳朵，不会直接传到身边人的耳朵里。我们的头和其他坚韧的物体一样，是很好的声音传播介质（传播声音的介质密度越大，听到的声音也就越响）。因此，我们咀嚼的声音，经头骨传到自己的听觉神经，同时，通过空气传入身边人耳中。头骨的密度比空气大，因此我们自己听到的咀嚼声比身边人听到的要响。

我们可以通过一个实验来说明这个现象。用牙咬住机械手表的表面，同时用手掩住耳朵。这样，手表发出的嘀嗒声就会被头骨扩大，听上去就像锤子敲打东西一样响。

"电报"鼓

如今，非洲、中美洲及波利尼西亚群岛等地的原始居民仍在以声音信号传递消息（图1）。这些原始部落用来发信号的是一种特制的鼓。这种鼓能将声音信号传播到很远的地方：一个地方收到信号后，再把信号传到另一个地方，消息就以这样的方式快速传播开来。这种方式用时极短，但传播面很广。

意大利与阿比西尼亚（今埃塞俄比亚）第一次战争期

< 图 1> 斐济岛的土著居民在击鼓传讯。

间，意大利每次调兵遣将的消息都没能逃过当地黑人的耳目，以致陷入困境。对于对手拥有"电报"鼓一事，意大利指挥部浑然不知。在两国第二次战争期间，从阿比西尼亚首都发出的动员令传遍全国各地仅用了几个小时。

在英布战争（英国对南非布尔人的战争）期间也发生过此类事件。布尔人利用"电报"鼓，仅用几个昼夜就将重要战报传播得尽人皆知。对此，一名旅行家曾说："与欧洲人使用的电报相比，非洲部落发明的击鼓传讯的方式效率更高，所以，发明电报的应当是非洲人。"

尼日利亚内陆有一座城市叫伊巴丹，这里的博物馆有一位考古学家，他在旅行日记中记录了当地鼓声昼夜不息的情景。日记中还写道："一天早上，我发现一群黑人正情绪激动地谈论什么事情。'有一艘白人的大船沉了，死了不少人。'一名军官告诉我。这消息来源于'电报'鼓，它在短时间内便将消息传遍沿海地区。"对于这个消息，考古学家当时并未感到惊奇。然而，过了三天，他收到了一封电报，这才得到轮船沉没的消息。此时，他才知道，那群黑人的消息是可靠的。更令他感到震惊的是，这些部落之间语言并不相通，部分部落之间还在争战。

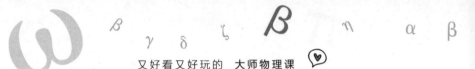

用声音测量距离

我们已知声音在15℃空气中的传播速度为340米/秒，那么，它能用来测量我们无法抵达的场所之间的距离吗？儒勒·凡尔纳△在其代表作《地心游记》中就描写过这样的情形。德国科学家黎登布洛克教授和他的侄子阿克赛在进行地心探险之旅时走散了。最终，他们依靠声音计算出距离，找到了对方。下面是他们当时的对话：

"叔叔？"我把嘴唇贴在石壁上喊（本书以第一人称视角讲述，"我"即阿克赛）。

"哎！我的孩子？"几秒钟后，叔叔的声音才传过来。

> ⚠1   儒勒·凡尔纳：19世纪法国著名小说家、剧作家及诗人，现代科幻小说的开创者之一，被誉为"现代科学幻想小说之父"，代表作有《海底两万里》《神秘岛》《地心游记》等。
>
> ——译者注

“我们首先得知道我们相隔多远。”

“这很容易。”

“你带着计时器吗？”

“是的。”

“把它拿出来。待会儿你叫我的名字，并记下确切的时间，我听到你的声音就重复一遍，你也记住我回答时的确切时间。”

“好的，这段时间除以2，就是我的声音传到你那儿的时间。”

“是的，叔叔。”

“好，注意了，我开始喊了！”

我把耳朵贴在石壁上，一听到我的名字，我就立刻回答了一声“阿克赛”，然后就耐心等着。

“总共40秒，”叔叔说，“声音从你那儿传到我这儿用了20秒，我们之间的距离大约是7千米。”

如果你明白了这段情节所表达的意思，那么，你就能回答出下面的问题了：假设你看到远处驶来的火车头放出一股白汽，在一秒半后听到了汽笛声。问：你与火车之间的距离有多远？

来自海底的回声

　　在相当长的一段时间里，回声似乎对人类毫无用处，直至利用回声测量海洋深度的方法出现。这项发明始于一场灾难。1912年4月14日晚，大型远洋客轮"泰坦尼克号"与冰山相撞后沉没，千余名乘客、船员死于这场事故。为防止此类惨剧再次发生，人们开始尝试利用回声探测轮船周围是否有冰山。这一尝试在当时并未取得成功，却由此引申出另一种想法：利用从海底传来的回声测量海洋深度。这一想法则得以成功施行。

　　人们在船一侧的舱底放置了一个弹药筒，弹药筒点燃后会发出巨响。这声波能穿透水层直抵海底，再从海底折回。然后，装在船底的仪器接收到回声，再由一个计量器算出发出声音和接收回声的时间间隔。

　　由于已知声音在水中传播的速度，所以计算出海深并不难。这种装置叫作回声探测仪，它的出现大大提高了海深测量技术。图2就是它的工作示意图。

在这之前，人们用测深锤测量海洋深度。这种测量器是用长长绳索系着的金属锤，闲置时其绳索盘绕在绞车上。测深锤在船只固定时才能进行测量，且用时很长：人们把系着铅锤的绳索从绞车放下去，铅锤以约150米/分的速度垂入海底。它被提上来的速度也一样缓慢。假如海深3千米，测深锤用时40多分钟才能完成测量。同样的深度，回声探测仪仅用几秒钟就能完成测量；且测量结果更加精确，与此同时，船只还可以正常行驶。

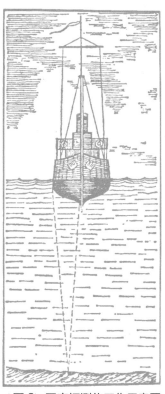

<图2> 回声探测仪工作示意图

精准测量海深，对海洋学的发展有重要且非凡的意义。在浅水区进行精准测量，则可保障船只的航行安全。

现代的回声探测仪，使用的不是一般的声音，而是"超声波"。这种声波振荡频率每秒可达百万次，人耳是听不到的。

听不见的声音

　　诸如蟋蟀的鸣叫、蝙蝠发出的吱吱声这类刺耳的声音，有一部分人是听不见的。他们并未失聪，听觉器官也没有任何问题，却听不见很高的音调。针对这种现象，物理学家丁达尔曾肯定地说，有些人甚至听不见麻雀的叫声。

　　事实上，对于身边的所有振动，其中有很多是我们的耳朵无法感知的。如果某一物体振动频率少于20次/秒，这种声音（次声波）我们是听不见的。如果某一物体振动频率高于20000次/秒，这种声音（超声波）我们也是听不见的。

　　音调的最高界限是因人而异的。老年人的最高界限低至6000次/秒。所以，这样的"怪事"时有发生：有些人能听到刺耳的高音，有些人则听不见。

　　自然界中，有许多种类的昆虫（如蚊子、蟋蟀等）所发出的声音振动频率为20000次/秒。这些声音对一部分人来说是清晰可闻的，但对另一部分人来说是无法感知的。后者对高音不敏感，因此，在前者能听见刺耳声音的场所，他们却能感到非常安静。丁达尔讲述过一件与此相关的趣事：

> 马路两侧的草坪里满是昆虫。在这里，我的耳朵
> 里一直充斥着尖锐的虫鸣，可我的朋友浑然不觉。昆
> 虫演奏的乐曲早已超出他的听觉范围。

与昆虫刺耳的鸣叫声相比，蝙蝠发出的吱吱声要低一个八度音，即蝙蝠发出声音时，空气振动的次数要减少一半，然而有一部分人还是听不见。因为他们对音调的最高界限感知能力要更低一些。

与之相反，巴甫洛夫△的实验表明，狗能感知到高达38000次/秒的音调，这已属于超声振动的范围了。

---

1 巴甫洛夫：苏联生理学家，在心脏生理、消化生理和高级神经活动生理三个领域做出了重大贡献。他在研究消化生理时，用食物和铃声刺激狗的神经，让狗把两者建立起联系，使其一听到铃声就流口水，并就此提出了著名的条件反射理论。1904 年，巴甫洛夫荣获诺贝尔生理或医学奖。

——译者注

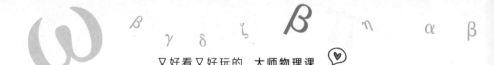

07

超声波的应用

如今，随着物理学及技术的不断发展，人类已经能制造出振动频率比之前提到的高得多的"听不见的声音"，超声波的振动频率能达到10000000000次/秒。

科学家发现，从石英晶体上切下来的石英片具有特殊性能，可以用来制造超声波。他们把石英片进行压缩，这会使它表面产生电。

假如能使石英片表面周期性带电，那么它的表面会在电荷作用下产生振动，我们就能获取超声波。若想使石英片带电，得到超声波振动，我们就需要借助无线电技术中的电子管振荡器。振荡器的频率调整到与石英片"原本"的振动周期相合。

我们虽然听不见超声波，却可以用一些简易的方式来证明它的存在。例如，将正在振动的石英片浸入油缸，受到超声波振动作用的液体表面会掀起10厘米左右的波峰，溅起来的小油滴可飞至40厘米高的地方。

　　有人做了这样一个实验：他准备了一根1米长的玻璃管，握着其中一端，将另一端浸入油缸，他感到非常烫手，手掌甚至被烫伤了。他把接触玻璃管这端的手换成木头，结果木头被烧出了一个洞。这是因为超声波的能量转化成了热能。

　　世界各地都有人在研究超声波。超声波对生物的影响很大：撕裂海草的纤维，破坏动物的细胞，短时间内杀死体形较小的水生动物。超声波还能提高动物的体温。实验证明，在超声波的作用下，老鼠的体温会提高至45℃。在医学领域，超声波也发挥了相当重要的作用，因为它能和紫外线一样帮助医生治病。

　　超声波在冶金领域的应用是最成功的。人们利用它探测金属内部密度是否一致，有无气泡或裂缝，方法如下：把金属浸入油中，在超声波作用下，金属内部不匀的部分会漫射超声波，反射出类似"声音阴影"的轮廓。此时，平滑的油面就会出现不匀部分的轮廓，人们甚至可以将轮廓拍成影像。超声波能"看透"厚度超过1米的金属，这是X射线难以做到的。超声波甚至能发现金属内部小至1毫米的不匀部分。据此，我相信超声波在未来的应用会更广泛。

小人国居民的声音和格列佛的声音

在电影《新格列佛游记》里，小人国居民说话的音调很高，而巨人比佳——流落到小人国的格列佛用低音说话。拍摄电影时，小人国居民的扮演者是成年人，格列佛的扮演者则是小孩。那么，电影是怎样改变其音调的呢？当听导演说电影使用的是演员原声时，我大吃一惊。接着，他告诉我，他根据声音的物理特点，想出了改变音调的好办法。

为了将小人国居民的声音变高，将格列佛的声音变低，在录小人国居民的声音时，导演调慢了录音带的速度。反之，在格列佛说话时，导演调快了录音带的速度。而在影院里则采用正常的速度播放影片。影片放映的结果，就不难想象了。

观众听到的小人国居民的声音比正常的声音振动频率高，自然感觉音调很高。而格列佛的声音与之相反，振动频率低，音调自然很低。

声音和无线电波

声速大约只有光速（约300000千米/秒）的百万分之一。由于无线电波的传播速度与光波的相同，所以声速也只有无线电波传播速度的百万分之一，如此便产生了一种有趣的结论。

这一结论可以用一道题进行解释：最先听到乐声的是谁？是坐在音乐演奏大厅里，距离奏乐者仅10米的观众，还是远在100千米之外，用无线电收听乐曲的听众？

说来也怪，无线电听众同奏乐者的距离是在大厅里的观众同奏乐者的距离的10000倍，这些听众却最先听到乐声。这是因为无线电波传播100千米仅需用时：

$$100 \div 300000 = \frac{1}{3000} 秒。$$

声音传播10米需用时：

$$10 \div 340 = \frac{1}{34} 秒。$$

由此可以看出，无线电波传播声音所用的时间，大约只有空气传播声音所用时间的1%。

火车的汽笛问题

假如你音感很好，那么当一列火车在你身旁驶过时，你一定能感知火车汽笛声的音调（这里说的是音调高低，而非声音大小）。

当两列火车相对行近时，它们的音调一定比背对背驶离时的音调要高得多。假设两列火车的行驶速度达到50千米/时，那么音调高低的差别几乎能达到一个音程。这是什么原因导致的呢？

首先，我们要知道频率的大小决定音调的高低，频率越高，音调越高。然后，我们就不难找到原因了。

迎面驶来的火车头的汽笛声振动频率是一定的，但你听到的振动频率，却因你所坐的火车是迎面驶过，还是停着不动，又或是与另一列火车相背而行而有所不同。

在这里，你离声源越近，每秒接收到的振动频率，比它们从火车头发出的振动频率要高得多。毫无疑问，你的耳朵接收到的振动频率越高，听到的音调也就越高；而当两列火车相背而行时，你接收到的振动频率变低，听到的音调自然变低了。

<图3> 上面的波状线表示停止不动的火车发出的声波。下面的波状线表示行驶中的火车发出的声波。

倘若你不认可这个解释，那么你可以试着观察并思考一下火车汽笛的声波是怎样传播的。下面，我们先来观察一列停止不动的火车（图3）。汽笛会产生声波。为了方便讲解，我们只谈4个波，如图3上面的波状线所示：波从停止的火车传过来后，声音在任何时间间隔中向各个方向传播的距离是相同的。0号波传到观察者A的时间，与到达观察者B的时间是相同的。两者在一秒钟内接收到同样的振动频率，所以他们听到的音调是相同的。

不过，假设响着汽笛的火车是从B驶向A（见图3下面的波状线），情况就不同了。想象一下，某时汽笛在C处，在它发出4个声波时，火车已经到达D处。

现在，我们再分析一下这些声波是怎样传播的。从C处发出的0号声波，它同时传到A′和B′两个观察者处。然而，从D处发出的4号声波，则不会同时传到两个观察者处：假设路线DA′比路线DB′短，那么4号声波会先传到A′。1号波和2号波也会先传到A′，后传到B′。不过，相差的时间并不长。与B′观察者相比，A′观察者接收的声波更多。所以，A′观察者听到的音调会更高。与此同时，我们也能从图中看出，与传向B′的声波波长相比，传向A′方向的要稍微短一些△。

> ⚠1
>
> 　　这里需要注意的是，图3的波状线不是声波的真实形状。其实，空气微粒并非与声音传播方向垂直的横波，而是顺着声音方向的纵波。为了让读者更容易理解，本图画成垂直方向。图中的波峰标示的是在纵波方向上声音压缩得最为严重的地方。

捕获影子

影子啊，黑暗的影子，

谁不曾被你追赶？

谁又不曾追赶你？

可是啊，黑暗的影子，

无论谁也无法捕获你！

以上是俄国诗人涅克拉索夫写的一首关于影子的诗。

的确，在尚未拥有摄影器材的古代，人们无法捕获自己的影子。不过，在18世纪，古人却利用影子画出了自己的肖像。当时照相机还没有被发明出来，很多有钱人会请画家来给他们画肖像。但是，这种肖像画价格高昂，一般人消费不起。于是，价格低廉的"剪影画"便风靡起来。

如图4所示，这就是当时画侧面剪影的方式。被画的人侧面对着画布，为了使影子的轮廓更清晰，他们要变换好多次角度和位置。画家先用笔把投射在画布上的侧影轮廓勾勒出来，再涂上颜色，就完成了一幅剪影画。

当然，如果有人需要，画家也会按比例将侧面剪影缩小，然后再画上去，见图5。

你也许会想：这种画如此简单，不能表现出人物的外貌特征吧？

事实并非如此。其

<图4>古人画侧面剪影。

实，只要画家技术高超，完全能够呈现人物的特点，画出与真人极为相似的画像。如图6所示，这位画家便将席勒

<图5>按比例缩小的侧面剪影画

画得形神毕肖、特点鲜明。

后来，一些画家对这种画法产生了浓厚的兴趣，利用这种方式画风景，并深入研究，开创了一个新画派。

"剪影画"的名称来源于法语"Silhouette（西卢埃特）"，它是18世纪中叶法国一名财政大臣的姓。

当时，法国经济不景气，但达官显贵奢靡成性。财政大臣西卢埃特号召民众节俭度日，指责达官显贵的挥霍无度。

<图6> 德国诗人、剧作家席勒的侧面剪影画

此时，有人便把这种"剪影画"调侃式地称为"西卢埃特式"。后来，"Silhouette"这个词沿用至今。

蛋里的小鸡

相信很多人儿时都曾利用影子的特性玩游戏。例如，手影游戏，我们通过改变手势，变化出各种各样的动物形象。现在，你也可以利用影子的特性，跟你的伙伴玩一个有趣的把戏。

先取一张硬纸板，在纸板上打个方形孔；再取一张用油浸湿的纸，把纸蒙在孔上。至此，一个小银幕就做成了。接着，在银幕后面放两个灯泡。

接下来，就邀请你的伙伴们坐在银幕前吧。你先点亮一边的灯泡，把一个剪成椭圆形的小纸片放在灯泡和银幕之间，对伙伴们说："请看大银幕！"

此时，他们会看到银幕上有一个鸡蛋的影像（银幕另一边的灯泡还没点亮）。然后，你对伙伴们宣告："下面，我们就打开'X射线透视机'，看一看鸡蛋内部是怎样的吧！"你把另一个灯泡也点亮，随后大家将看到：鸡蛋轮廓变亮了，鸡蛋内部变暗了，鸡蛋中间出现了一只小鸡的影像!

这个透视魔术的原理很简单，见图7：你在点亮的第二个灯泡前放了一张小鸡形状的剪纸；点亮第二个灯泡时，小鸡剪纸的影子会投到银幕上，叠加在椭圆形纸片的影子上。正因如此，"鸡蛋"影像的轮廓会比内部要亮。

<图7> 透视魔术的原理

当然，在表演这场魔术前，你要提前调整角度，以保证小鸡剪纸的影子能够正好投射到椭圆纸片的影子上。

不过，银幕前的伙伴们并不知道你是怎样操作的。他们如果对物理学与解剖学不了解，就会认为是X射线穿透了鸡蛋。

搞怪的照片

也许很多人不知道，照相机上就算不安装镜头，只用一个小圆孔，也能拍出照片，只是在这种情况下拍出来的照片颜色不是那么亮丽。这种没有镜头的照相机被称为"狭缝照相机"。

在这种照相机中，代替镜头的是两条交叉的狭缝：照相机前端装着两块小小的隔板，一块板上开了一条竖直的狭缝，另一块板上开了一条水平的狭缝。若是将两块隔板紧贴在一起，就和使用带有镜头的照相机没什么两样。若是两块隔板拉开了一定距离，那效果就不一样了——照片会变形。请看图8和图9，是不是很夸张？

<图8> 影像沿水平方向被拉宽。

为什么会产生这种变形的照片呢？我们分析一下竖直狭缝位于水平狭缝后面的情况，见图10：从图形D的十字形竖直线射出的光线穿过第一个狭缝C的时候，就像穿过一个正常的小孔，而后面的狭缝不会改变这些光线的路径。在毛玻璃A上得到的这些竖直线的影像尺寸，就由毛玻璃A和隔板C的间距决定，但是，相同的狭缝位置，却能让水平线在毛玻

<图9> 影像沿竖直方向被拉长。

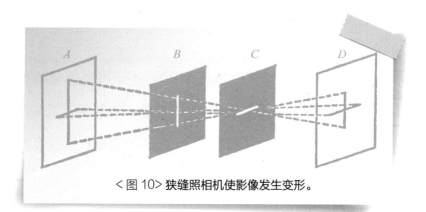

<图 10> 狭缝照相机使影像发生变形。

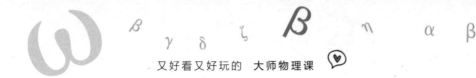

璃上形成的影像完全不一样。图形D上的水平线射出的光线穿过第一条水平狭缝时没有遇到什么阻挡，在到达竖直狭缝B之前不会产生交叉；这些光线经过狭缝B时就像经过一个小孔，在毛玻璃A上形成影像，影像的尺寸则由毛玻璃A和隔板B的间距决定。

总而言之，狭缝在这种分布情况下，对竖直线而言，似乎只有前方一个狭缝存在；对于水平线而言，则刚好相反，只有后方一个狭缝存在。前方的狭缝比后方的狭缝离毛玻璃更远，因而毛玻璃上的影像在竖直方向上的放大比例，超过水平方向上的放大比例。这样，最终形成的影像就像沿竖直方向被拉长了一般。与此相反，如果调换两块隔板的位置，就能拍出沿水平方向拉宽的影像。

不难想象，如果狭缝是斜放的，就会得到其他种类的变形影像。

这类相机不只用于拍搞怪照片，还能用在更重要的生产实践上，例如，制作建筑装饰图案、地毯和壁纸花纹等，也就是可广泛用于获取在某一方向上被拉长或拉宽的图案或花纹。

光的折射

光从一种介质进入另一种介质的时候，不会按原本的方向传播，而会在两种介质的交界面处改变传播方向，这便是光的折射。很多人认为，这是大自然在变魔术。

是啊，为什么光在进入另一种介质时会改变方向，并且选择的还是一条曲折的路径呢？如果用一队士兵在平坦路面和泥泞路面交界处行进的情景打比方进行说明，相信大家会很容易理解。天文学家、物理学家J.F.赫歇尔就以这种方式解答了光的折射：

假设有一队士兵正在前进，途经一条大路，这条路前段是干燥平整的，后段是泥泞崎岖的。两段路的分界线刚巧是一条直线，而这队士兵前进的方向与这条直线成一定角度，而非与之平行。这样一来，士兵们就无法在同一时间跨过这条直线，而是有早有迟，并且来到泥泞路段后的士兵，行进速度会减慢。因此，同一排士兵在跨过分界线时已经不

在一条直线上了，过线的士兵行进速度减慢，没过线的还保持着之前的行进速度。即同一排士兵在与分界线相交处，像折了一下似的，与分界线的交点形成一个钝角。之前由于士兵们都按照一定的节拍齐步走，所以队形整齐。但跨过分界线后，每个士兵前进的路径就会跟新队伍垂直，且这段路径与在平坦路段的行进距离的比值，正好等于在两个不同路段上前进速度的比值。

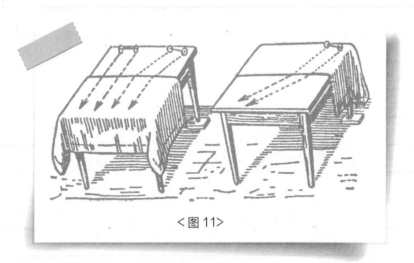

<图11>

如图11所示，我们用一个实验来模拟光的折射：先找来一张桌子，再用布把桌面一半遮盖上，接着将桌子稍稍倾斜，把两个玩具车轮安装在一根轴上，使车轮从

桌子高处向下滚，滚动方向要与桌布的边缘垂直，这样车轮滚下来就不会改变方向。也就是说，车轮滚动的路径径直向下。

这就相当于光从一种介质垂直射向另一种介质，不会发生折射。不过，要是车轮滚下去的方向与桌面边缘成斜角，那么越过桌布边缘后，车轮便会偏离原本的方向。

在实验过程中，我们可以观察到：车轮在桌面上没有布的地方滚动时，速度较快；滑到有布的地方时速度则变慢，且滚动路径会向分界线的垂线偏移。反之，则会远离这条线。

以上实验形象、直观地说明：光产生折射，是因光在两种不同介质里传播速度不同；速度差别越大，光的折射程度也就越大。用来表示折射程度的词语是"折射率"，它就是光在两种介质里传播速度的比值。也就是说，如果我们知道光从空气中进入水中的折射率为4∶3，我们就能知道光在空气中的传播速度约为水中传播速度的1.3倍。

由此，我们还能总结出光传播的另一个特性。如果光在反射时是沿最短路径行进的，那么折射时走的则是最快路径。除了这条折射路径，其他路径不会比这条更快。

I5
新鲁滨逊

看过儒勒·凡尔纳的经典之作《神秘岛》的读者，一定对小说主人公登陆无人岛后，在既没有火柴也没有打火石的情况下取火的情节记忆犹新。在笛福△的代表作《鲁滨逊漂流记》△ 中，是闪电救了鲁滨逊，它击中了一棵树并将其点燃了。而儒勒·凡尔纳笔下的新鲁滨逊可没有靠老天帮忙，他们靠的是扎实的物理学知识。相信你还记得，当单纯的水手潘克洛夫打猎归来，见到熊熊燃烧的篝火和围坐在篝火前的工程师和记者时，他有多么吃惊。

"这是谁生的火？"潘克洛夫问。

1 笛福：18世纪英国著名小说家，英国启蒙时期现实主义小说的奠基人。

——译者注

2 《鲁滨逊漂流记》：航海探险小说先驱，讲述了英国人鲁滨逊因所乘商船在海上沉没，孤身一人流落到一座无人荒岛，为生存而不懈奋斗的艰辛历程。

——译者注

记者史佩莱道："是太阳。"他并没有说笑话。

这股热量居然是太阳产生的。潘克洛夫简直无法相信自己的耳朵，甚至忘记问一问工程师史密斯。

"你应该带了放大镜吧？"赫伯特（这是一个15岁左右、酷爱博物学的孩子）问史密斯。

"孩子，我没带，"史密斯回答，"但我做了一个。"于是，他向大家展示了制作放大镜的材料。其实很简单，史密斯和记者各有一块表，放大镜就是用这两块表上的玻璃制作的。

史密斯在两片玻璃间注满水，用黏土封上，一个放大镜就做成了。它把阳光聚在干燥的苔藓上，没过多长时间，苔藓就燃烧起来了。

你们一定很想知道，为什么要在两片玻璃间注水？难道这两块玻璃间是空气就不能聚集阳光？

确实不行。表盘玻璃的内外面是两个同心球面，是相互平行的面；根据物理学知识，光线在透过这种表面平行的介质时，行进方向几乎不会发生弯折；而紧接着光线又穿过了另一个同样的玻璃块，自然也不会在这里发生弯折；所以，光线穿过这两块玻璃后是不会聚焦的。要使光

线能够聚集到焦点上，就必须在这两块玻璃之间加入另一种介质，这种介质不仅要使光线发生的弯折大于在空气中的弯折，而且必须是透明的。儒勒·凡尔纳小说里的工程师就是利用了这个原理。

其实，一只装着水的球形玻璃瓶就能成为取火的透镜。古人早已发现了这一点：放在窗边的水瓶把窗帘及桌布都点着了，连桌面都被烧焦了，但瓶里的水还是冷的。有些药店按照旧习俗，会用装有彩色水的球形大玻璃瓶装饰橱窗，但他们万万没料到这些瓶子会成为酿成火灾的"凶手"，因为这些瓶子聚集光线后极有可能点燃附近的易燃物品。

一个直径12厘米左右的球形玻璃瓶装满水，就能烧沸装在碟子里的水。如果球形玻璃瓶的直径为15厘米，其焦点温度可达120℃。

不过，还需要提醒大家一点，玻璃透镜的聚光效果要比用水做的透镜好很多。这是由于光在玻璃中比在水中的折射率要大得多，而水能吸收大部分对加热物体起重要作用的红外线。因此，我们能用一些简单的方法证明儒勒·凡尔纳所写的生火方法是靠不住的。

两千多年前，在眼镜和望远镜还没问世的时候，古希腊人就已经发现了玻璃透镜具有聚光作用。在古希腊旧喜剧诗人阿里斯托芬的戏剧《云》中，曾有这样一段情景描述（苏格拉底向斯特列普西亚得提了一个问题）：

"假如有人写了一张借据，诬陷你欠他五塔兰特（一种古货币），你将如何销毁借据？"

斯特列普西亚得说："我想到办法了，我觉得你也会承认这个办法无比高明！你在药店里见过那种美丽透明的石头吗，就是能点火的那种？"

苏格拉底说："你是指聚光镜吗？"

斯特列普西亚得回答："你说对了，就是它。"

苏格拉底说："你继续说。"

斯特列普西亚得接着说："在那个人写字时，我把聚光镜放在他背后，让阳光聚集在借据上，这样一来，借据上的字很快就能消失了……"

你可能会诧异，文字怎么会凭空消失呢？我来解释一下：在阿里斯托芬生活的时代，希腊人是在涂着一层蜡的木板上写字的；这种木板受热后，上面的蜡会熔化，借据上的文字自然就消失了。

万花筒

相信很多人都玩过万花筒（图12）。这种玩具里有各色各样的碎片，它们经过三块平面镜的反射，能形成十分漂亮的图案。如果轻轻转动万花筒，图案就会不停地改变⚠。

虽然很多人都玩过这种玩具，但很少有人想过，万花筒究竟能变换出多少种图案。如果你手中的万花筒里有20块碎片，你每分钟把它转动10次，让碎片不断地重新排列，那么，你要用多长时间，才能把万花筒里的所有图案看一遍？

不管你有多么丰富的想象力，都不可能说出准确的答案。万花筒里的图案千变万化、层出不穷，如果把所

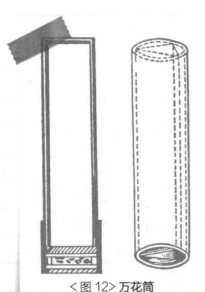

<图12> 万花筒

有的图案都看一遍，估计要看到天荒地老！

万花筒里形形色色、变化无穷的图案早就引起了许多装饰艺术家的关注。这些艺术家的想象力虽然已经很丰富，但和万花筒源源不断的创造发明相比，还差得很远。万花筒随时随地就能变换出美妙绝伦的图案，这成了壁纸和纺织品图案的最好参照。

不同于现在，在一百多年前，万花筒还是一个新兴事物，当时的人们对它产生了浓厚的兴趣，还有不少人在诗歌和文章里赞美它。

万花筒是一个英国人在1816年发明的。大约一年半后，它传到了俄国，并深受俄国人喜爱。寓言作家伊兹马伊洛夫就曾在杂志上撰文描写万花筒：

在看过万花筒的广告后，我设法弄到了这个奇妙

1 这里要说明一下万花筒的成像原理：筒里的三块平面镜组成了三棱镜，每块镜面都会在其他两块镜面里成像，这些成像又会成为虚拟的镜面，放在筒里的各色碎片经过镜面的重重反射，就会呈现出漂亮的对称图案。

——译者注

的东西——

我向里面张望，

是什么呈现在我眼前？

在绚丽多彩的图案和耀眼的繁星中，

蓝宝石、红宝石、黄水晶映入我的眼帘，

还有绿宝石和钻石，

紫水晶、玛瑙也在里面，

还有珍珠——

我看到了所有！

只用手指把它轻微旋转，

呈现的又是全新的画卷！

我们不管用多么华丽的辞藻，也无法描绘在万花筒里欣赏到的美景。

轻轻一转，万花筒里的图案就会改变，而且每次变化的图案都不一样。这图案简直让人着迷！假如能把这个图案转移到纺织品上该多好！我们只是苦于没办法找到那么多颜色的丝线。

如果你无事可做又心烦意乱，把看万花筒作为消遣再好不过了。

绿光

"大家都见过海边落日吧？我相信很多人见过。但是，大家可能忽略了一个现象：在没有云彩的晴空，在太阳发出最后一道光线的那一刻，会出现一道绿光。这种神奇而美妙的颜色，即使是技艺高超的画家也难以调配出来。"以上是刊载在英国报纸上的一篇报道。那么，这种绿色的光是什么？这种现象是怎么产生的？让我们先来做个实验吧！

把一个三棱镜平放在眼前，底面朝下，再透过三棱镜观察墙上贴着的一张白纸。你会发现：第一，这张纸的位置比实际位置高出许多；第二，白纸上会出现一条紫蓝色的光带，下方有一条黄红色光带。导致纸的位置升高的是光线折射，而玻璃的色散⚠作用导致彩色光带产生，也就是说，对玻璃而言，不同色彩的光线的折射率也不一样。紫

> 1 色散：复色光被分解成单色光且形成光谱的现象。
> ——译者注

色、蓝色光线的折射率比其他色彩的光线更高，所以，我们看到纸的上方有一条紫蓝色的光带；而折射率最低的是红光，所以红色的光带在纸的下方。

大家如果在实验中仔细观察这些光带的色彩，就能发现更多的奥秘。白色光线经过三棱镜时会被分解成光谱中的色彩，形成多个彩色的像。这些像以折射率的大小为次序排列，而且相互重叠。在所有颜色都重叠在一起的中间部分，我们看到的是白光，也就是光的叠加，但是在其上下边缘会显现出没有和其他色彩重叠的单色光边。

著名诗人歌德曾做过这个实验，但他并不明白其中的原理，写了一篇《色彩论》，说是三棱镜给物体增添了各种色彩。我相信读者一定不会跟着这位伟大的诗人错下去。

对我们的眼睛而言，地球的大气层是一个巨大的、底面朝下的三棱镜，我们通过它去看地平线上的太阳。在太阳的上边缘呈现蓝绿色的光带，在下边缘则呈现黄红色的光带。如果夕阳仍在地平线上，太阳圆轮中间的耀眼亮光盖过了亮度弱的光带，我们就无法发现它们；但是，在日出和日落时，太阳差不多整个落在地平线下，我们就能观察到太阳上边缘的蓝色光带。这个光带实际上有两重颜色，上面是蓝色光带，下面是蓝和绿混合成的天蓝色光带。如果接近地平线的空气完全洁净透明，我们就能看到那蓝色的边缘——蓝光。

由于蓝光在大气中常产生散射现象，往往只剩下一道绿色的边缘，这就是神秘的绿光。不过，在多数情况下，大气是浑浊的，蓝光、绿光都会产生散射现象，我们看不到任何光带，夕阳就像火球一样落到地平线以下了。

普尔科沃天文台的一位天文学家专门研究过绿光，并提出了这一现象出现前的预兆：

假如太阳落山时呈红色，并且我们用肉眼直接去望也不觉得刺眼，这时候可以确定绿光不会出现。

究其原因是：太阳呈红色，说明其表面蓝光和绿光在大气中发生了散射，我们也就完全观察不到太阳上边缘的光带。这位天文学家还写道：

与之相反，太阳落山时如果呈现黄白色，而且十分刺眼，这就表明大气对光线的吸收不充分，这时出现绿光的可能性就很大。请注意，还有一个必要条件——地平线一定要特别清晰，不能起伏不平，附近

也不能有树木、建筑物等。假如是在海上，这样的条件是很容易满足的，所以，水手们经常能见到绿光。

总之，想看见绿光，一定要在晴天时耐心地观察日落或日出。越靠近赤道的地方，地平线上的天空越明净，因而观察到绿光现象的概率也越大。

曾经，有两位阿尔萨斯的天文学家从望远镜里看过这一美景，他们是这样描述的：

在夕阳即将落到地平线下时，还能看到太阳圆轮的一部分，轮廓清晰且如波浪般轻颤着，一道绿色的光环绕在太阳光晕上边。太阳还没完全落下时，观察不到这道绿光。如果使用能够放大100倍的望远镜观测，就能看到这一现象的整个过程。最晚在太阳落下前10分钟能看到这条绿光带，它环绕在太阳的上方，而下方是红色光带。最初，这条光带不宽，但随着太阳的沉没会变得越来越宽。在这条绿光带上偶尔能观察到绿色的凸起，随着太阳渐渐消失，这些凸起就好像顺着太阳的边缘向最高处爬行；有时这些凸起看上去好像脱离了太阳光晕，继续发光几秒钟后才熄灭。这种绿光现象通常只能持续一两秒钟，但一些观测记录显示，绿光现象的持续时间竟长达5分钟！比如，太阳落在远山下，疾行的观测者就能够发现好像顺着山坡滑落的太阳光晕边缘的绿光带（图13）。

有一种猜想是这样的：绿光是太阳落下时，强光导致人眼疲劳而产生的错觉。但日出时，太阳在地平线上刚露出的那一刻，人们也能观察到绿光现象。这便证明了这种猜想是错的。另外，太阳不是唯一会发出绿光的天体，有人发现金星在落下的时候也会发出绿光。

< 图 13> 疾行的观测者观察到的绿光：观测者位于山后，观察绿光的时间可达 5 分钟。右上的小图表示的是从望远镜中观察到的绿光。当太阳落至地平线小图图 a 的位置时，光线刺眼，导致肉眼难以看清绿光。当太阳落至图 b 的位置时，肉眼就能看清绿光了。

光渗

大小相同的两个区段，黑色的总比白色的看上去要短小些，这种视觉错觉现象叫"光渗"。如图14所示，上图十字形和靠近四边形边缘的中间部分像是凹进去了一点，下图则是上图效果的夸张展示。这就是"球面像差"作用。人眼的晶状体就像一面透镜。若穿过透镜光轴的光线和穿过透镜周边的光线汇集于一点，会在视网膜上形成正常且清晰的影像；但若这些光线不汇集于一点，则成像较模糊。球面像差作用指物体表面的各个亮点在视网膜上的成像不是一个小点，而是一个圆形。因此，当影像投射在视网膜上时，边缘明亮的线看上去面积会增大。图中的黑色图案被白色背景衬托着，边缘颜色较亮，会使影像显得较小。

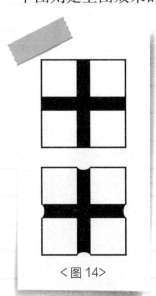

<图14>

十月铁路有多长

有这样一个问题："连接莫斯科和圣彼得堡的十月铁路有多长？""平均长度640千米，在夏天比在冬天长300米。"有人如此回答。这个答案虽然出乎意料，却很合理。

我们要是把铁轨无缝密接的长度作为铁路的长度，那么与冬天的铁路长度相比，还是夏天的铁路比较长。

要知道，铁轨受热后会膨胀，长度会随之增加——温度每升高1℃，铁轨长度就会延伸出原来长度的1/100000。

炎炎夏日，铁轨的温度可达30℃~40℃，甚至高过这个界线。在烈日的照射下，铁轨会变得滚烫，能灼伤人。但在隆冬时节，铁轨的温度会达到-25℃，甚至更低。

假设铁轨温度在夏天和冬天的温差为55℃，那么把铁路全长的640千米先乘以0.00001再乘以55，就可得出铁路延伸的长度——352米。也就是说，从莫斯科到圣彼得堡之间的十月铁路在夏天会比在冬天长约352米。

不过，延伸出来的长度并不是两城之间的距离，而是所有铁轨的总长。两者不能混淆。要知道，铁轨并不是紧密连接在一起的，两根铁轨相接处会留出一定长度的空隙——铁轨受热膨胀的余量。假设铁轨长8米，在0℃时，两根铁轨的空隙应为6毫米，在温度上升至65℃时，才会填满这一空隙。计算结果显示，铁轨总长的增加源于这些铁轨之间空隙的延长。总之，十月铁路的铁轨总长度，在夏天的确比冬天长300多米。

因受技术条件制约，在铺设电车轨道时，无法在两根铁轨之间留出空隙。这种安装方式通常不会导致轨道弯曲——由于电车轨道铺设在土壤中，温差没有火车轨道的那么大。不过，在出现极端高温天气的夏季，电车轨道弯曲的情况时有发生（图15）。

<图 15>

为什么脚泡过热水后，穿不进长筒靴

在科学技术不发达的年代，人们提出了许多不可思议的滑稽理论。比如，有人提出过人体自身也会热胀冷缩的理论，理由是脚泡过热水后会膨胀，所以穿不进长筒靴。下面，我们就来更正这种理论。

人是恒温动物。人体温变化受环境的影响不明显。因此，就算我们泡在热水中很长时间，体温也不会有太大的变化——一般都在2℃以内。这么小的温度变化并不会让我们的身体膨胀多少，因此也不会影响到我们穿长筒靴。人体的软组织和其他组织，受热的膨胀率不会超过万分之几。也就是说，人体温度升高时，小腿和脚最多会膨胀零点零几毫米——相当于一根头发的粗细，这种程度的膨胀根本不会影响人穿长筒靴。其实，穿不进长筒靴的根本原因不是受热膨胀，而是充血、表皮肿胀、皮肤润湿，以及别的一些跟热无关的原因。

为什么开水会使玻璃杯破裂

有经验的主妇往玻璃杯里倒滚烫的茶水时，常常会先将一把金属勺放在杯子里，最好是银制的，她们知道这样能避免玻璃杯破裂（图16）。她们这么做是基于什么原理？在解释这个问题前，我们要先弄明白：为什么往玻璃杯里倒开水时，杯子会破裂？这是因为玻璃杯受热后膨胀不均匀。

开水倒进玻璃杯里时，并没有立即把杯子的内外壁一起烫热，而是杯子内壁先受热膨胀；但此时，杯子外壁还没热，仍保持着原来的状态。玻璃杯外壁受

<图16>

到内壁的强烈挤压，导致杯子被挤破。

那么，如果换成很厚的玻璃杯，就不会再遇到这种情况了吧？如果你这么想，就大错特错了。其实，厚杯子比薄杯子更易破裂。原因很明显：薄玻璃杯传热速度快，能很快把热量从内壁传到外壁，使杯子内外壁的温度达到均衡，膨胀程度会相对小一些；而厚玻璃杯传热速度慢，内外壁温度很难达到一致，更易破裂。

另外，如果杯壁和杯底都很薄，杯子也不易破裂。原因很简单：在往杯子里倒开水时，是杯底先受热的，如果杯底太厚，杯壁再薄也没用，杯子还是会破裂。

化学家常用的烧杯，杯底较薄，倒入水后可以直接放在酒精灯上加热，即使水沸腾了，也不担心烧杯会裂开。

对我们来说，在加热时完全不膨胀的材料，才是最理想的制作器皿的材料，但是暂时还没发现这种材料。目前，我们已知的受热后膨胀率最小的材料是石英。用石英制作的器皿，不管怎么加热都不会破裂。就算把烧红的石英器皿扔进冰水中，它也不会破裂。当然，石英器皿不易破裂的另一个重要原因是，石英的热传导性能比玻璃好得多。

玻璃杯不只在突然加热时会破裂，快速冷却时也很容易破裂，这都是由于玻璃变形不均匀。与受热时相反，杯子骤然受冷时，杯子外壁先开始收缩，内壁还保持原样。内壁受外壁挤压，玻璃杯同样会破裂。所以，在玻璃杯里装着很烫的液体时，千万不要把它放到温度特别低的地方。

接下来，我们就来解释，为什么倒热茶时要在玻璃杯里放一把金属勺。把开水倒进杯子，杯子内外壁的温差很大；但如果倒入的是温水，温差就变小了，杯子内外壁的膨胀差别也不大，就不容易破裂了。在玻璃杯里放一把金属勺，开水流入杯底，在烫热玻璃前，会先把部分热量传给金属勺，水的温度因此降低了一些，杯子就不易破裂了。再继续倒入开水，因为整个杯子已经被烫热了，就不会有破裂的危险了。总之，金属勺能降低开水的温度，避免玻璃杯内外壁受热后的不均匀膨胀，防止杯子碎裂。

那又为什么说银勺效果更好呢？因为银的热传导速度特别快。所以，请小心放在热茶杯里的银勺，它容易把人烫伤。

究竟是温度计，还是气压计

"我在浴缸里放了气压计，气压计的测量结果显示，很快会有雷雨。现在洗澡可太危险了！"

以上是一个流传很广的笑话，说的是一个人出于这个原因，怎么也不肯洗澡。

显然，这个人把温度计和气压计混为一谈了。大家在笑他的时候，可不要以为自己不会弄混。有些温度计更确切的名称应该是"测温计"，会被人误当成气压计使用。反之，有些气压计也会被人误当成温度计使用。

古希腊数学家、发明家希罗设计出一种测温器，如图17所示，它就是将两者弄混的经典示例。这个仪器上的球经过阳光加热，上部的空气会受热膨胀，膨胀的空气压着水从管道流到球外。水先顺着管道一端滴入漏斗，再沿漏斗的管道流入下面的箱子。如果气温下降很多，会使球内空气压力减小。在外部空气压力的作用下，箱子里的水会沿着漏斗的管道往上升，流入球中。

<图 17> 希罗设计的测温器

　　与此同时，对于气压变化，这个测温器也非常灵敏。外面气压变小时，球内气压仍然很高，这会导致内部空气膨胀，将一些水从管道压入漏斗。外部气压如果变大，会把箱中的一些水压回球里。温度每改变1℃，球内空气的体积也会随之改变，相当于在气压计上改变约2.5毫米汞柱。气压变化如果超过20毫米汞柱，那么差不多等于希罗测温器上的8℃。也就是说，气压计每下降20毫米汞柱，人们便会产生这样的误会——温度上升了8℃。

地下的季节

当地面上是炎热的夏季时，地面以下3米的地方是什么季节呢？那里也同样是夏季吗？不，地面上和地面下的季节根本不一样。

比如在圣彼得堡，即使在最寒冷的日子，不管地上的温度有多低，埋在地下两米深处的自来水管都不会冻裂。为什么会这样呢？原因就在土壤的热传导性上——土壤很难导热，所以地表热量要用很长的时间才会传到地下，并且越往深处，热传导所需的时间越长。据可靠测量结果显示，圣彼得堡的地下3米深处，一年中最热的时间来得要比地面迟76天，最冷的时间则要晚上108天。

举例来说，假设地面上最热的时间是7月25日，地下3米深的地方，要到10月上旬才会达到最高温度。如果地面上最冷的时间是1月15日，那么地下3米深的地方要到5月中旬才会达到最低温度。当然，离地面越深的土层，最热和最冷的时间也就延后得越久。往地下越深的地方，温差

变化不仅在时间上落后，变化幅度也会减小，甚至到了某个深度，完全没有了四季变化。在这个地方，温度在几十年甚至几百年间都不会有太大变化。

巴黎天文台有一个深达28米的地下室，那里面放着一支温度计。约200年前，法国化学家拉瓦锡把它放在了那里。这支温度计在这么长的时间里，显示的温度一点也不曾改变，始终维持在11.7℃。由此可见，在地下的土壤里，从不曾有跟地上同样的季节。

当我们生活在严冬时，地下 3 米深的地方才只是秋天，不是地面上的那种秋天，而是温度更低更和缓的秋天；等地上到了酷暑时节，地面下寒冷的冬季才刚结束不久。

这个信息，对于人们研究生活在地下的动物（如金龟子幼虫）和植物地下部分的生长状况，是十分重要的。比如说，位于地下的树根的细胞增殖期和位于地面上的树干的成长期完全相反：当地面温度比较低的时候，树木的根部细胞开始大量增殖，而树干几乎停止生长；当地面温度比较高的时候，树木根部细胞的增殖活动几乎停止，而树干开始生长。

冰为什么滑

人走在擦得干净光洁的地板上，比走在未经清洗的地板上更容易滑倒。

如此说来，在冰上也应该是这样——走在光滑的冰面上比走在凹凸不平的冰面上更滑。

如果你曾拖着满载重物的雪橇在凹凸不平的冰面上走过，你就会知道，在这样的冰面上前行，比在平滑的冰面上要省许多力气。简单地说，凹凸不平的冰面居然比光滑的冰面更滑。

由此，我们可以得知，冰滑的程度并不取决于它的表面平滑度，而是另有原因——当压强△增加时，冰的

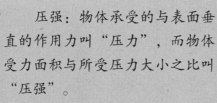

1　压强：物体承受的与表面垂直的作用力叫"压力"，而物体受力面积与所受压力大小之比叫"压强"。

——译者注

熔点△会降低。

下面就来分析一下，我们在溜冰时，究竟发生了哪些情况吧。当我们穿着溜冰鞋站在冰面上时，鞋底下冰刀的刃口与冰面接触，我们的身体支撑于只有几平方毫米的相当小的面积上。我们的全部体重都压在如此小的面积上，对冰面施加了极大的压强。

在这极大压强的作用下，冰在较低的温度下也能融化。比如说，现在冰的温度是−5 ℃，而冰刀的压力把冰刀下的冰的熔点降至0℃以下，那么这部分冰就会融化，从而使冰刀的刃口和冰面之间产生了薄薄一层水。于是，溜冰人就能顺畅地滑行了。他滑到另一处地方，也会发生同样的情形。总之，溜冰人所到之处，冰刀下的冰都变成了薄薄的一层水。

在现有的各类物质中，只有冰具有这种特质，因此有物理学家把冰称为"自然界唯一滑的物质"，其他的

> **1** 熔点：物质由固态变成液态的过程叫"熔化"，而要使晶体物质熔化则需加热到一定温度，这个温度就叫"熔点"。
> ——译者注

物质只是平滑，却并不滑溜。

现在，我们再回到本文开头的问题上——光滑的冰面和凹凸不平的冰面，哪个更滑？我们已知，冰面被同一重物压着，受压面积越小，压强也就越大。

那么，一个溜冰人站在平滑的冰面上，对支点施加的压强大，还是站在凹凸不平的冰面上施加的压强大？答案是，站在凹凸不平的冰面上施加的压强大。

在凹凸不平的冰面上，人只支撑于冰面几个凸起的点上，而冰面压强越大，冰的融化速度越快，所以，冰就会更滑。（这个解释只适用于冰刀的刃较钝的情况；刃很锋利的冰刀会切进冰面的凸起部分里面，在这种情形下，能量会更多地消耗在切割凸起的冰面上。）

日常生活中有很多类似现象，可以用冰在大压强下熔点降低的理论解释。我们滚雪球时，就运用了冰的这个特性。雪球滚在雪上时，因雪球本身的重量使其下面的雪融化，然后又冻结起来，如此就会有更多的雪沾在上面。

现在，相信你也明白了为什么在极为寒冷的日子里，雪只能捏成松的雪团，且雪球不易滚大。人行道上的雪，在行人踩踏过后，也因此渐渐凝成了坚实的冰。

"热"冰

常识告诉我们，在0℃以上，水不会以固体状态存在。物理学家布里奇曼△却用研究结果告诉我们：压力极大时，水能在比0℃高得多的温度中呈现固态，并保持这种状态。在研究过程中，布里奇曼还发现：冰的存在形式不止一种，有一种在20600个大气压下得到的冰，能在76℃的温度里保持固态。如果人们用手去摸这种冰，很可能会被烫伤。不过，由于它是在优质钢制的厚壁容器中产生的，需要施加极大的压力才能得到，所以一般人很难接触到它。有趣的是，这种"热"冰的密度比普通冰的密度要大得多，甚至比水的还大。把普通冰放在水中，它会浮在水面上；但把"热"冰放在水面上，它就会沉下去。

1 布里奇曼：美国物理学家、哲学家，因发明超高压装置而在高压物理学领域做出重大贡献，于1946年获诺贝尔物理学奖。
——译者注

用煤"制冷"

众所周知，煤能用来取暖。用它"制冷"虽然鲜为人知，却是事实。干冰制造厂就用煤来"制冷"。

厂里的工人把煤填进锅炉，让煤在里面充分燃烧；再用碱性溶液将燃烧产生的二氧化碳气体充分吸收掉，接着用加热的方式将二氧化碳和碱性溶液分离；然后把二氧化碳放在70个大气压下冷却、压缩，使其变为液态；最后，把液态二氧化碳装进厚壁容器中，就可以运往需要它的地方了，如汽水制造厂等。此时，它的温度低到能够冰冻土壤。莫斯科建地铁时，就曾使用它。

不过，相对液态二氧化碳而言，固态二氧化碳，也就是干冰，应用更为广泛。

干冰，由液态二氧化碳加压并使之膨胀而制成。它虽名叫"干冰"，但状如压紧的雪。而且，它在很多方面与冰有所不同。首先，干冰比普通冰重，放入水中会下沉。它的温度很低（-78℃），但用手触摸它却感觉不到冷。

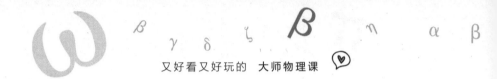

这是因为它与我们的身体接触的地方会变成气态二氧化碳，保护我们不被冻伤。不过，你要是紧紧握住它，就会有冻伤手指的可能。

干冰这个称呼，表明了它的主要物理性质。它本身不管在什么时候都不会湿，也不会弄湿周围其他东西。受热后，它会迅速变成气态二氧化碳。在正常气压条件下，它不会呈现液态。

干冰的这一特性使人们经常用它来冷藏食物。它不仅能保护食物不受潮，还能抑制微生物生长，使食物不易腐烂变质。而且，昆虫和啮齿类动物是无法在这种气体中生存的。

另外，二氧化碳气体能够高效灭火。汽油着火后，有经验的消防员把一定量的干冰扔进去，火便会被扑灭。

总而言之，不论是在工业生产方面，还是日常生活方面，干冰的应用都相当广泛。

力的相互作用

在暖和、湿度低的屋子里，干燥的塑料梳子会与一些东西摩擦生电。梳子带电后能够吸引小而轻的物体。不过，在物理学中，单方面的引力是不存在的，确切地说，单方向的作用是不存在的，即所有力都是相互作用的。当梳子对其他物体产生吸引力的同时，其他物体对梳子也会有吸引力。做个简单的实验即可验证这一理论：把带电梳子用绳子吊起来，用其他不带电物体接近梳子，比如你的手（图18）。你会发现，你的手能够吸引梳子，还能使它改变方向。

<图18>

电荷的相斥作用

如果让带电的梳子保持静止，而使别的东西靠近梳子，又会有什么现象发生呢？请到下面的实验里一探究竟吧。

把带电的玻璃棒靠近带电的梳子，你会看到，它们之间产生了一种更强的吸引力。可是，假如把带电的火漆棒或梳子靠近带电的梳子，这次两者间形成的则是相互排斥的力。

物理学上是这样描述这个现象的：同样性质的电荷相斥，不同性质的电荷相吸。也就是说，梳子、火漆棒等物体摩擦后带的是负电荷，玻璃棒摩擦后带的是正电荷。

验电器（图19）是一种检查电荷的测量工具。它是依据电荷同性相斥的

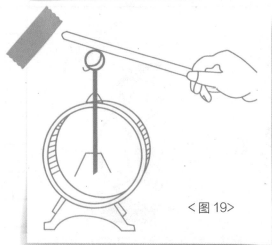

<图19>

原理制成的。

其实，我们也能自制简单的验电器。先准备一个带软木塞（如果没有软木塞，也可以用厚纸板做一个塞子）的空瓶，接下来，在软木塞上凿一个小洞，把铁丝穿过去，在软木塞上留一小段铁丝，但瓶里的铁丝要留长一些。接着，在瓶里的铁丝末端贴上两片锡纸。做好这些准备工作后，再把软木塞塞进瓶口，然后把软木塞和瓶口边缘的空隙用蜡密封住，一个简单的验电器就做成了。

<图20>

用想检测的东西碰触瓶子外的铁丝，如果这个东西带电，电荷会通过铁丝传到瓶里铁丝末端的锡纸上，由于两片锡纸有了相同的电荷，在电荷同性相斥的作用下，锡纸就会张开，如图20所示。

如果你觉得上一种验电器制作比较麻烦，可以试着制作另一种验电器。这种验电器更简单，但感应度和精度

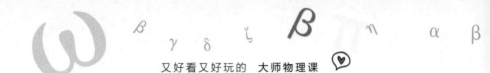

都比较低，不过也能检验出电荷的存在。首先竖起一根木棒，在铁丝上系两个接骨木小球，并把它挂在木棒上，但要保证这两个小球靠在一起。

这样，一个更简便的验电器就做成了。把要检验的物体与其中一个小球接触，如果这个物体带电，两个小球就会分开（图21）。

如图22所示，这也是一种验电器。它更加简单，只要在瓶子的软木塞上插一根大头针，再将锡纸对折并挂在大头针上即可。假如有带电的东西碰到大头针，锡纸也会因同种电荷互斥而分开。

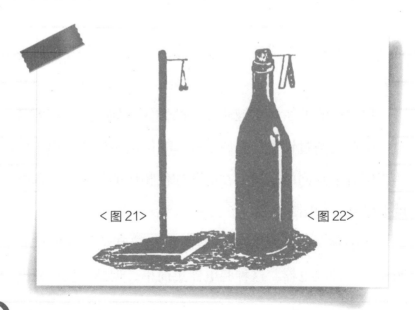

<图 21>　　　　　　　<图 22>

电荷的特性

电荷除了有同种电荷相斥、不同电荷相吸的特性，还有这样一种特性——总是集中在带电物体表面凸出的那部分。接下来，我们可以制作一个简单的器具，来证明它的这一特性。

在做这个实验前，需要提醒大家一点：做实验时，请在师长的监督或协助下操作，以免引起火灾。

首先，在一个火柴盒的两边各插一根火柴，然后用蜡将火柴固定住。再找一张纸，将其剪成宽度约为火柴棒长度2/3、长度约为火柴棒长度3倍的纸带。

接着，把这条纸带的两端折起来粘好，再将纸带两端分别套在两根火柴棒上。

然后，将锡纸剪成几个小条，粘在纸带的内外两侧（只把锡纸条的上端粘上即可）。

现在，我们就可以进行实验了。先把纸带拉紧，然后，用一根带电火漆棒轻轻碰触纸带，这样一来，纸带和

锡纸条都会带上同一种电荷。此时，锡纸条的下端会从纸带两侧翘起来。

下面，我们再把纸带弄成弧形（适当调整火柴棒的位置）。然后，再重复上面的实验步骤。

这时，你将看到，弯曲纸带凸起处的锡纸条的下端都翘了起来，但粘在凹处的锡纸条没有翘起来（图23）。

这个现象的成因是：电荷集中在了纸带凸起的一侧。

如果将纸带弄成"S"形，你会看到，电荷仍然集中在纸带凸起的地方。

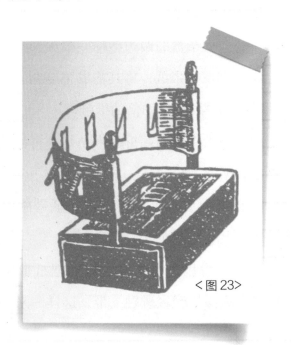

<图23>

室内的雷雨

你想在室内做一个喷泉？这很容易办到。

先把橡皮管的一端放进水桶中，再把水桶放在高处；或是把橡皮管的一端套在水龙头上（橡皮管的出口一定要很小，这样才能使喷泉的水流分成很多股细流）。如何才能达到这样的效果呢？你可以在橡皮管喷水的那端套一个倒置的漏斗。然后，在喷泉底下放置一个盘子。

接下来，把喷泉放在高度约0.5米处，使其水流竖直向上流。最后，找一根用绒布摩擦过的火漆棒，将它缓慢地靠近喷泉。

这时，你将观察到这样一个现象：喷泉降下来的几股细流汇聚成了一股大水流，并且，当这股水流落在放置于喷泉下面的盘子上时，会发出雷雨所特有的巨大响声。一位物理学家曾说："这就是雷雨天气雨滴较大的成因。"当你把橡胶棒拿开后，大水流又恢复成几股细流，同时，那种巨大响声也恢复成柔和的落水声了，见图24。

<图 24> 室内喷泉

这个实验看起来很神奇。不了解其中原理的人会惊异于你竟然可以用一根火漆棒指挥水流。

针对这种现象的科学解释是这样的：流出来的水已经带电，距离橡胶棒比较近的那部分水滴携带正电荷，距离橡胶棒比较远的那部分水滴则携带负电荷。由于正负电荷相互吸引，两部分水滴便会结合在一起，变成大水滴。

"按下暂停键"的闪电

请回想一下，在某个电闪雷鸣的夜晚，你站在窗口，望着楼下的街道，忽然看到闪电划过天际。那一刹那，你感觉眼前的一切仿佛被按下了"暂停键"：马蹄腾空，马维持着奔跑的姿势不动；车辆也停了，轮子上的辐条根根可辨……

这种现象的成因是：闪电持续时间过短。有资料显示：每次闪电的持续时间通常仅有1/1000秒。在如此短暂的时间里，物体移动的距离是微小的，很难被人眼捕捉到。所以，明明街道上车水马龙、人来人往，但在闪电的照耀下，似乎一切都暂停了。毕竟我们看清物体的时间过于短暂。这种情况下，就算是疾驰而过的汽车，它的辐条也仅能移动几万分之一毫米。人眼无法察觉如此微小的移动距离，因此，人们会觉得世界静止了。另外，与闪电的持续时间相比，影像停留在视网膜上的时间要长得多，这使静止的印象更加强烈。

闪电值多少钱

"闪电值多少钱？"如果在视闪电为神的古代这样提问，提问者可能会被扣上"对神大不敬"的罪名吧。但是，如今电能已经成为一种商品，可以被估价。此时提出这样的问题，是有一定意义的。

为了算出本题的答案，我们首先要知道几个要点：一次闪电释放的电能是多少，现在居民用电的价格是多少。其算法如下：

据目前查到的资料可知，闪电出现的一刹那，可放电50000000伏特，电流约为200000安培。你可能会疑惑，电流是根据什么测算出来的。雷雨天，闪电会通过避雷针的

> ⚠①　古人无法解释闪电的成因，对这一神秘而强大的自然现象充满敬畏，便将其视作神灵，后逐渐形成极具地域特色的神话传说。比如，我国神话中的电母，北欧神话中的雷神托尔，希腊神话中的火神赫菲斯托斯等。
>
> ——译者注

线圈；这个数据就是根据铁芯被电流磁化的程度测算出来的。**伏特数和安培数的乘积，就是每次闪电所做的电功率。**不过，有一点要注意：在放电时，电压会降为零。因此，计算电能时，我们要使用平均电压，即初始电压的一半。其算式如下：

电功率＝（50000000 × 200000）÷ 2＝5000000000000（瓦特）

如果换算成千瓦，就是50亿千瓦。这真是让人大吃一惊的数字！你可能会想：闪电这么大功率，一定非常值钱吧？

事实偏偏在你的意料之外。如果用电费单上所用的计电单位千瓦时来表示，有一个重要条件必须考虑——时间。**电功率和时间的乘积，是最终的总电量。**闪电持续时间通常是1/1000秒。这段时间消耗的电能为：

5000000000 ÷（3600 × 1000）≈1400（千瓦时）

1度电等于1千瓦时，按每度电0.5元人民币计算，一次闪电的价格为：

1400 × 0.5＝700（元）

这个结果也一样出人意料。虽然闪电的功率是炮弹的100多倍，但只值700元人民币！

山上的电能

山上有电能吗？对于这个问题，曾经历"圣艾尔摩之火△"的瑞士语言学家、自然科学家索绪尔颇有发言权。

有一年，索绪尔和几个朋友相约去爬山。登上海拔3000多米的山顶后，他们把用铁皮包起来的登山棍扔到岩石上，准备吃饭。突然，索绪尔感到肩膀、背部像被针扎一样，刺痛不已。

后来，索绪尔回忆道：

当时，我认为，一定是我的斗篷里有大头针，于是我脱下了斗篷。可是，刺痛还在继续，并且越来越强烈，还变得刺痒起来，就像有黄蜂在蜇我一样。我只好脱掉了大衣，但大衣里也没有尖锐的东西。痛感更强烈了，同时还有一种灼烧感。我感觉毛背心好像着火了，正想脱掉它时，突然耳边传来嗡嗡声。这声音是哪儿来的？我到处看，发现声音是从岩石上的登山棍那里发出的。它像极了水快烧开时发出的声音。

这种声音和疼痛感持续了几分钟。

此时此刻，我才明白过来，来自山上的电流通过登山棍的铁皮传到我身上，使我感到疼痛。白天的太阳光太强，因此我们看不见登山棍上的电光。不论你把登山棍朝哪个方向拿着，就算垂直拿，它也会发出怪声。想让它停止发出声音，只能把它放在地上。

过了几分钟，我发现我的须发都翘起来了，仿佛有一个人用干燥的剃须刀在给我刮脸。我的一个同伴的胡子也翘起来了。他耳朵上射出了电流，吓得他大叫起来。我把手举起来，发现手指射出了电流。

此地不宜久留。我们立刻下山。距离山顶100米时，登山棍的声音弱了很多。后来，我们把耳朵贴在登山棍上才能听到似有若无的声音。

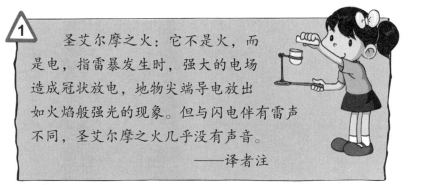

1 圣艾尔摩之火：它不是火，而是电，指雷暴发生时，强大的电场造成冠状放电，地物尖端导电放出如火焰般强光的现象。但与闪电伴有雷声不同，圣艾尔摩之火几乎没有声音。

——译者注

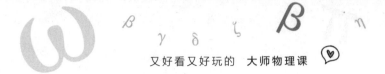

以上便是索绪尔讲述的亲身经历。另外，他还曾写过有关"圣艾尔摩之火"的文章：

多云的天气，如果云朵与山顶的距离很近，山上凸起的岩石会出现电流。在某一年10月，瓦特康和几个旅行者去瑞士攀登少女峰。

那天清早，天气晴朗，当他们接近峰顶时，一阵大风挟着冰雹刮了过来。很快就打雷了，一声巨响过后，瓦特康的登山棍发出怪声，那声音很像水壶烧开水的声音。旅行者们停在原地，发现他们所带的杆尺和斧子等物也发出这样的声音。

声音响个不停。一个人把杆尺和斧子扔到地上，它才消失。其他人有样学样，也把身上发出怪声的东西扔在地上。一名旅行者摘下帽子，突然感觉头发像着火一样，不禁尖叫起来。其他人看到他的头发全部竖起来了。这明显是带了电。与此同时，每个人身上都有刺痛感。瓦特康的头发也竖起来了，他动一下手，手指就会有电流通过，指尖还会发出嗤嗤声。

34

"慈石"

中国人把一种天然磁石命名为"慈石"，这个名称极富意蕴。中国人认为慈石吸引铁块，像极了慈爱的母亲吸引自己的孩子。巧合的是，生活在古代大陆另一端的法国人，也给磁石起了类似的名字。在法语中，表示"磁铁"和"慈爱"的单词都是"*aimant*"。

天然磁石的"慈爱"力不大，所以古希腊人称其为"赫拉克勒斯△石"，显然名不副实。对于磁石微弱的吸力，古希腊人尚感惊奇，要是他们看现代冶金工厂中能抬起数吨重物体的磁铁时，又会给它取多么夸张的名字呢？不过，以上所说的并非天然磁石，而是电磁铁。

电磁铁是由线圈与铁芯构成的，通电时，电流通过铁芯周围的线圈可使铁磁化，电能变为电磁力，可驱动、牵引其他物

① 赫拉克勒斯：希腊神话中的大英雄，因其力大无穷、勇武非常，被宙斯封为大力神。

——译者注

73

体。电磁铁与天然磁石所起作用的都是磁性。

磁只能吸引铁，这个想法是片面的，其他物体也会受到一定影响，只是不像铁受磁力影响那么大。磁铁能吸引镍、钴、锰、铂、金、银、铝等金属，只是相对铁而言，它们所受到的吸引力较小。而锌、铅、硫、铋等反磁性物质，它们会被性能强大的磁铁排斥！

液体和气体也会被磁铁吸引或排斥，只不过作用力很弱。磁性非常强的磁铁才能对这些物质产生大的影响。举例来说，磁铁能吸引纯净的氧气。如果我们在性能强大的电磁铁中间放一个充满氧气的肥皂泡，肥皂泡的形状就会被改变——它被看不见的磁力牵引，逐渐伸长开来。另外，在性能强大的电磁铁两极之间放一支点燃的蜡烛，烛火的形状也会被改变（图25）。这足以说明它对磁力有多敏感。

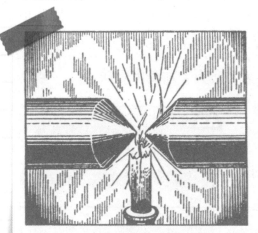

<图25> 被电磁铁改变形状的烛火

有关指南针的问题

　　一般来说，指南针的指针一端总是指北，另一端总是指南。但是，如果有人问你：在地球上的哪个地方，指南针的两端都指北或都指南？你可能会说，地球上不存在这样的地方。然而，事实告诉我们：这样的地方存在。

　　首先要明确一点：地理上的南北两极与地球的磁极不是一致的。现在，你可能已经知道地方在哪里了。但你需要回答的是这个问题：如果把指南针放在地理上的南极，它会指哪个方向呢？

　　它的一端理所应当指向附近的磁极，另一端则指向相反的磁极。想象你正站在地理上的南极，不管你朝哪个方向走，毫无疑问，都是北方。这是由于地理上的南极没有其他方向，它的四周都是北方。因此，把指南针放在这里，其指针两端都指北。反之，把指南针放在地理上的北极，其指针两端都指南。

磁感应线

磁感应线，也叫磁感线，旧称磁力线，是用来表示磁铁周围作用力方向和大小的线条。我们的眼睛无法直接看见它，我们的身体也感觉不到磁力。不过，我们能够借助一些简单的方法让磁力的分布图显示出来。

如图26所示，这是根据一张照片画出来的：把一条手臂放在电磁铁的两极上，手臂上会铺满竖起来的铁钉。手臂无法感知磁力，但看不见的磁感应线穿过手臂，使铁钉听话地按顺序排列起来。观察本图，便能看出磁力的方向。

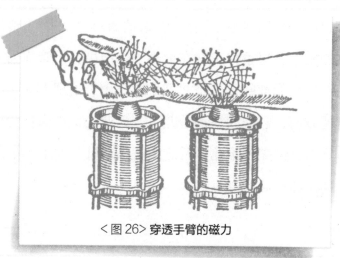

<图 26> 穿透手臂的磁力

让我们再来做一个实验，材料要用到磁铁、铁屑、厚纸板或玻璃。先把铁屑撒在表面光滑的厚纸板或玻璃上面，要撒得薄而

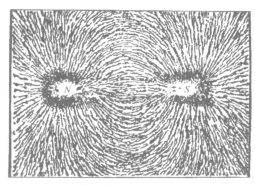

<图27> 铁屑形成的磁感应线

均匀。然后把一块磁铁放在厚纸板或玻璃的下面，轻轻敲打纸板或玻璃，使铁屑抖动起来。磁力能够穿过厚纸板或玻璃将铁屑磁化，当磁化的铁屑抖动时，会和厚纸板或玻璃分离。这样一来，铁屑就能轻松改变方向，顺着磁感应线的方向排列。此时，我们会看到铁屑是如何分布的，并能由此得知磁感应线是如何分布的。

如图27所示，我们能够清楚地看到铁屑是如何从磁铁的每一极向四周辐射，又是如何连接起来，从而在两极之间形成一些短弧和长弧的。这就是每块磁铁周围存在的磁感应线。仔细观察，你会发现：铁屑离磁极越近，组成的线越密，越清楚；铁屑离磁极越远，线就越稀疏，越模糊。这足以证明：随着距离的增加，磁力会不断减弱。

如何使钢块磁化

在回答"如何使钢块磁化"这一问题之前，我要先说明未经磁化的钢块与磁铁的区别。我们可以将已经磁化和未经磁化的钢块里的每个铁原子当作一块小磁铁。

钢块未磁化前，小磁铁是无序排列的。因此，每块小磁铁的作用都会被与其反方向排列的小磁铁的作用抵消掉，见图28-1。

与之相反，磁铁里的小磁铁是有序排列的。全部同性磁极朝同一个方向，见图28-2。

我们用一块磁铁来摩擦钢块，会出现什么变化呢？由于受到磁铁引力的作用，钢块中小磁铁的同性磁极会指向同一个方向，见图28-3。

最初，钢块里小磁铁的南（S）极都指向磁铁的北（N）极；把磁铁移动一定距离后，小磁铁会按照磁铁运动的方向排列，其南极基本变成朝向钢块的中部。

现在，相信大家已经明白怎样使钢块磁化：先将磁铁

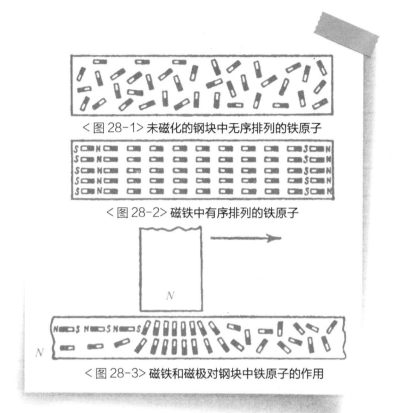

<图 28-1> 未磁化的钢块中无序排列的铁原子

<图 28-2> 磁铁中有序排列的铁原子

<图 28-3> 磁铁和磁极对钢块中铁原子的作用

的一极放在钢块一端，然后用力压住磁铁，顺着钢块缓缓
移动磁铁。

这种磁化法虽简单却老旧。它只能制造出磁力弱小的
磁铁。如果想得到性能强大的电磁铁，那么我们就要利用
电流来获取了。

磁力魔术

魔术师有时会利用电磁铁表演魔术，我们可以想见，这样的魔术是多么精彩有趣。有一位科普作家就在文章中描述过这样的场景：

舞台上放着一个小铁皮箱子，箱子盖上有提手。我邀请台下一名力气很大的观众上来，跟我一起完成这场表演。他信心满满、笑容满面地上了台。

"你对自己的力气有信心吗？"我一边打量他，一边问。

"当然有！"他自信地回答。

"你认为你一定办得到吗？"

"我有十足的把握！"

"你太自大了。待会儿你就会失去你的力气，变成一个弱小的孩子。"

这名观众满不在乎地笑了笑，根本不相信我所说的话。

"那么，请提起这个箱子。"我说。

他一下子提起了箱子，漫不经心地问："接下来做什么？"

"请你先放下，然后稍等片刻。"我答道。

过了一会儿，我神色严峻，用郑重的语调对他发号施令："你现在变得有气无力了，再来提一下这个箱子！"

这名观众根本不把我的话当回事，再次去提箱子。但这次，他没有成功。

他拼尽全力，箱子却一动不动。

要知道，他的力气可是能举起非常重的东西的，然而，现在丝毫没有用武之地。

他累得大口大口喘气，最后垂头丧气地离开了舞台。现在，他终于相信我的魔术所创造的"奇迹"了。

其实，只要对电磁力有一定了解，你就能揭秘这场魔术表演：铁皮箱子的底下就是一个性能强大的电磁铁的磁极。没通电时，箱子能被人轻松提起；但通电后，电磁铁会产生很大的吸引力，将箱子牢牢"咬"住，几个人合力都无法移动它。

电磁起重机

冶金工厂用电磁起重机搬运重物。这种起重机在运送钢铁时起到了至关重要的作用。诸如铁片、铁丝、铁钉之类的铁料，用其他方式搬运并不容易，但电磁起重机可轻易搬运数十吨铁料，甚至不必将铁料包装起来。

请看图29和图30，它们如实展示了电磁铁的效用。如图29所示，要想收拢、搬运成堆成堆的铁片，是一项非常麻烦的工作，电磁起重机却能同时做到。它大大简化了生产流程，提升了工作效率。如图30所示，电磁起重机竟然能够一次搬

<图29> 电磁起重机在收拢、搬运铁片。

起6桶铁钉!

假设一家工厂有4台电磁起重机,每台起重机一次能够搬运10根铁轨,共可节省200个工人的劳动量。并且,电磁起重机在进行搬运时,我们完全不用考虑重物绑得是否牢固——只要不断电,电磁铁里的线圈会一直有电流通过,它就会吸牢每一个小零件。再坚固的钉子和链条也没有磁力靠得住。

<图30> 电磁起重机搬起装满钉子的大桶。

不过,要是突然断电,就可能会发生祸事。一本科技杂志上就刊登过这样一篇报道:

在美国一家冶金工厂,电磁起重机将铁块举起,正往炉里投时,突然停电了。又重又大的铁块从电磁铁上掉落下来,砸在了一名工人头上。事故的起因是发电站机械故障,导致无法供电。为防止此类事件再

度发生，也为节约电能，人们在电磁铁上装上了特殊装置。重物被电磁铁提起来后，旁边会落下一些钢爪紧紧抓住它们。之后，重物由钢爪运送，可以暂时中断对电磁铁的供电。

图29和图30所展示的两台电磁起重机，直径1.5米，每台起重机能搬运16吨重物，一昼夜能搬运超过600吨的重物。有些电磁起重机甚至能一次提起75吨重物，相当于整个火车头的质量！

在对电磁起重机的工作情况有一定了解后，有些读者也许会产生这样的想法：要是能用电磁起重机来搬运灼热的铁块就好了！

实现这个想法，必须满足这样一个条件：搬运的重物温度不能过高。因为灼热的铁块无法被磁化。磁铁被加热到800℃后，磁性就消失了。

在现代金属加工技术中，电磁铁使用广泛。为了简化加工步骤、提高生产效率，技术人员已经制造出数百种不同的卡盘、工作台及其他与之相关的装置。

电磁铁在农业方面的用途

电磁铁在工业方面的用途广为人知，但它在农业方面的用途却鲜为人知。它在农业方面所发挥的重要作用是去除作物种子里的杂草种子。

杂草种子上有茸毛，能沾在路过的动物的皮毛上，进而传播到很远的地方。这是杂草在自然界用相当长的时间进化出来的特性。人们便利用这一特性来除掉杂草种子。农业技术专家利用磁铁，将混在作物种子中的杂草种子筛选出来。方法如下：

把一些铁屑撒在混有杂草种子的作物种子里。铁屑不会沾在光滑的作物种子上，但会沾在有茸毛的杂草种子上。然后，准备一个吸力强大的电磁铁，在磁力作用下，沾着铁屑的杂草种子很快便被分离出去。就这样，作物种子和杂草种子被轻松分开了。

磁悬浮

一家工厂在使用电磁起重机时，出现了很有意思的现象。一名工人看到：一个很重的铁球受到电磁铁的吸引，飘了起来，由于被铁制的链条拴着，所以铁球无法贴到电磁铁上，和电磁铁保持着一定的距离；链条不借助任何东西便直立在那里，甚至一个人攀在上面依然维持原状（图31）！电磁铁的力量竟然如此巨大！

电磁铁尚未问世前，一位物理学家在著作中写道："用磁力支撑某一物体，使其悬浮是可行的。因为一些人造磁铁能举起重45千克的物体。"

这种解释有误。采取这种方法，就算能用磁力使悬浮物体暂时保持平衡，但只要有一点小动荡，哪怕只是风轻轻吹过，都会破坏这种平衡，物体要么落到地上，要么被吸向天花板。想让物体固定不动，是做不到的。这类似于让一个圆锥体用它的顶点稳稳地倒立。理论上说得通，现实中却行不通。

其实，利用磁石还是可以制造出悬浮现象的。不过，我们要利用的不是吸引力，而是排斥力。磁铁同性磁极相斥，异性磁极相吸。物理初学者很容易忘记其相斥这一特性。

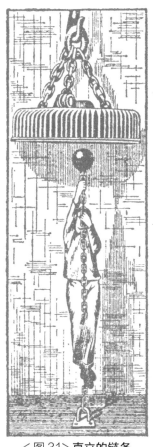

<图31>直立的链条及攀在上面的人

如果将两块经过磁化的铁的同性磁极一上一下叠在一起，它们就会彼此排斥。上面的磁铁重量选择合适的话，就不会碰到下面的磁铁。它会悬在上面，且维持着平衡的状态。我们仅需把几根无法磁化的材料（比如玻璃）做成支柱，那么就能阻止上面的磁铁做水平运动了。

另外，磁力也可以用来吸引运动的物体。有人根据这种现象发明了一种没有摩擦力的电磁轨道。这一发明意义非凡，熟悉并了解它，对物理爱好者有很大助益。

星球大战

　　古罗马作家普林尼曾记录过这样一个传说："在印度有一座神奇的山，它矗立在一片大海边，能吸引所有铁制物体。只要靠近这座山，船只就会出事。这座山能拔掉船上所有的钉子，将船只变得四分五裂。"这个传说后来还被收录进了《一千零一夜》[1]。

　　这一传说中的磁铁山，现实中是存在的。所谓磁铁山，就是有丰富磁铁矿的山，但与传说

1　《一千零一夜》：

阿拉伯民间故事集，由中近东地区广大市井艺人和文人学士在数百年时间中收集、提炼和编撰而成，反映了古代阿拉伯各国的社会状况，折射出古希腊、古印度、波斯等诸多国家、地区的风土人情和社会生活，体现了各地区人民的文化交融。

——译者注

不同的是，磁铁山的吸引力微乎其微。也就是说，现实中的磁铁山不能吸走船只上的钉子，更不能损毁船只。

如今，我们造船时不用钢铁部件，并非由于我们担心磁铁山"搞破坏"，而是这样能更好地研究地磁。

科幻小说作家库尔德·拉斯维茨根据普林尼记录的传说，想象出了一种令人恐惧的武器。在他的代表作《在两颗行星上》，火星军队便利用这种武器与地球军队战斗。火星军队所具备的电磁武器，使他们可以不用与地球军队近身战斗。战斗尚未开始，地球军队的武装便被瓦解了。小说是这样描述这场星球大战的：

> 我方一队勇敢的骑兵义无反顾地冲了出去。我方军队所拥有的战胜一切的斗志，似乎使强大的敌人产生了退意——他们的飞船逃也似的飞上高空，似乎准备集结起来撤退。就在这时，一种面积很大的黑色东西突然出现在飞船的上空，像飘飞的被单一样铺展开来。怪东西遮天蔽日，很快落在了战场上。冲锋在前的骑兵队已进入这怪东西的攻击范围，全员被怪东西遮盖住了。这是一种神秘而又怪异的武器！
>
> 战场上厮叫声四起。马和骑兵一批接一批地倒

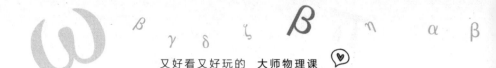
地。刀枪飞了起来，遍布空中，而后都贴在了那个神秘的武器上！

神秘武器稍微向一旁移了一下，把缴获的武器扔在地上。然后，它又飞回来掠夺武器。可怕的是，当时我方所有人都没办法抓住自己的武器。

这是火星人新研制的磁力武器，它能产生一种难以抗拒的力量，把所有钢铁制成的东西吸走。在这种武器的协助下，火星军队取得大捷。他们不但全身而退，还缴获了我方大量武器。

这个巨大的磁力武器在空中推进，与我方的步兵遭遇了。这群步兵拼尽全力抓住自己的武器，但丝毫不起作用——巨大的磁力毫不留情地夺走了他们的武器。那些不肯放手的，连人带武器都被吸了起来，飘在空中。仅仅用了几分钟，我方一个团的武器都被敌人收缴了。

之后，磁力武器在空中继续推进，去追击执行我方攻城任务的炮兵队。很快，炮兵队也陷入了同样的危机。

磁和表

读完《星球大战》，我们不妨来思考这样一个问题：我们能不能采取一些防御措施，以抵挡火星军队神秘武器的攻击？

当然能。我们如果能事先采取措施，一定能有效阻挡磁力武器的攻击。

那么，到底什么物质能阻挡磁力呢？答案你可能意想不到：磁力不能穿过的物质是易磁化的钢和铁！

把指南针放在铁制的环里，铁环外面的磁铁无法吸引指南针。这足以证明铁壳能保护表里的钢制零件，使其不受磁力影响。

有人做过这样的实验，如图32所示，在一块强力蹄形磁铁的磁极上放一块金表，结果金表里所有的钢质零件被磁化，表走得不准了。就算把磁铁移开，表也难以恢复原状，因为它的钢制零件仍有磁性。最后，这个人更换了新的钢制零件，金表才恢复正常。因此，大家千万不要拿金

表做实验——代价太大了!

不过,如果你拥有的表,它是铁壳或钢壳的,那么你就可以放心地做实验了。因为磁力无法透过钢和铁。因此,对经常接触磁力的电工而言,昂贵的金表或银表很容易被磁化,不适合随身携带;这种便宜金属制成的表反而不会被磁化,便携且实用。

<图 32>

又好看又好玩的

大师物理课

物质与能量

［苏］别莱利曼 / 著

申哲宇 / 译

 北京联合出版公司
Beijing United Publishing Co.,Ltd.

图书在版编目（CIP）数据

物质与能量 /（苏）别莱利曼著；申哲宇译. — 北京：北京联合出版公司，2024.6
（又好看又好玩的大师物理课）
ISBN 978-7-5596-7588-0

Ⅰ. ①物… Ⅱ. ①别… ②申… Ⅲ. ①物理学—青少年读物 Ⅳ. ①O4-49

中国国家版本馆CIP数据核字（2024）第077827号

又好看又好玩的
大师物理课 物质与能量

YOU HAOKAN YOU HAOWAN DE DASHI WULIKE　WUZHI YU NENGLIANG

作　　者：[苏]别莱利曼
译　　者：申哲宇
出 品 人：赵红仕
责任编辑：徐　樟
封面设计：赵天飞

北京联合出版公司出版
（北京市西城区德外大街83号楼9层　100088）
水印书香（唐山）印刷有限公司印刷　新华书店经销
字数300千字　875毫米×1255毫米　1/32　15印张
2024年6月第1版　2024年6月第1次印刷
ISBN 978-7-5596-7588-0
定价：98.00元（全5册）

CONTENTS
目　录

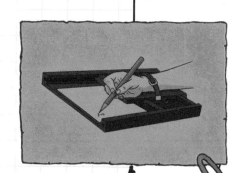

请站起来

如果我说："请你现在坐到椅子上去，就算不捆住你，你也没办法站起来。"你一定觉得我在开玩笑。

那么，请你像图1所示的那样坐下，也就是说将躯干挺直，不许把双脚伸到椅子下面去。现在，身体不要向前倾，双脚也不要向后移，请你试着站起来。

怎么样？是不是站不起来？你使多大的劲儿都没用，只要你不把脚缩到椅子下面或将上半身向前倾，你就绝对不可能从椅子上站起来。

要搞清楚这是怎

<图1> 以这样的姿势坐在椅子上是无法站起来的。

么一回事，我们得先来聊聊关于物体平衡的问题，其中当然也包括人体平衡的问题。一个直立的物体，只有在经过其重心引出的垂线没有超出其支撑面时，它才能保持平衡，不倒下去。所以，如图2所示的斜圆柱体是肯定会倒下去的。但如果这个斜圆柱体的支撑面很宽，从重心引出的垂线可以通过它的支撑面，那它也就不会倒下去了。

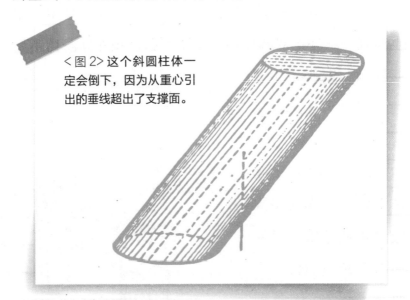

<图2> 这个斜圆柱体一定会倒下，因为从重心引出的垂线超出了支撑面。

除了著名的比萨斜塔，俄罗斯的阿尔汉格尔斯克也有一座与其情况类似的"危楼"（图3）。它们虽然看上去已经明显倾斜，但是并没有倒下，这也正是因为从这些建筑重心引出的垂线并没有超出其支撑面。当然，还有一个

<图3>阿尔汉格尔斯克的"危楼"（绘自一张老照片）

次要原因，即这些建筑的基石都是深埋在地下的。

　　一个站立的人，也只有在从其重心引出的垂线始终落在两脚外缘所围成的狭小区域（人体的支撑面）内时才不会跌倒（图4）。所以，单脚站立还是比较难的，原因是支撑面太小，从重心引出的垂线很容易落在支撑面之外。

　　你如果观察过上了年纪的水手，就会发现他们走路的姿势有些古怪。这些水手常年生活在船上，由于船在水上总是不停地晃动，从人的身体重心引出的垂线常常会超出支撑面。为了不跌倒，水手们会把双脚张得很开，占据更大的空间。只有这样，他们才能在摇摇晃晃的船上保持平衡，时间长了便形成习惯，于是他们在陆地上也仍旧以这种方式行走。

　　还有一些相反的例子，即平衡可以使姿势看起来更优美。你观察过头顶重物的人走路吗？他的姿势多么协

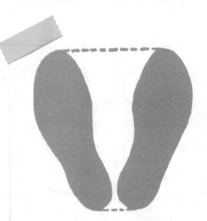

<图4> 一个人站立的时候，从他重心引出的垂线要始终落在两脚外缘所围成的狭小区域内。

调！大家也都领略过油画名作《顶水罐的女人》中人物的优美身姿。她们头顶着水罐，头部和躯干始终保持笔直的状态，只要稍稍倾斜，从重心（这时重心的位置比在一般情况下高一些）引出的垂线就很可能超出支撑面，人体的平衡也会被破坏。

现在，我们再回过头来说说从椅子上站起来的实验。

人坐着时，重心位于身体内部近脊柱的位置，比肚脐高出约20厘米。从这个点引出一条垂线，这条线定然会穿过椅子、落在双脚的后方。而人若想站起来，这条线就必须落在两脚之间的区域。

所以说，我们如果想从椅子上站起来，就必须将胸部向前倾，使重心前移；或将双脚往后缩，使引出的垂线能够落在两脚之间的区域。日常生活中，我们从椅子上站起来的时候就是这么做的。如果不允许我们做上述两个动作，就像在前面的实验里那样，那人根本不可能从椅子上站起来。

行走与奔跑

一般人都会觉得，我们对自己每天重复千万次的动作是再了解不过的，然而这却有点想当然了。最好的例子就是行走与奔跑。的确，对我们来说，还有什么比这两个动作更为熟悉的呢？但是，如果找人来解释一下，我们在行走和奔跑的时候究竟是如何移动我们的身体的，行走和奔跑到底有何不同，恐怕也不是那么好回答的。现在，让我们先听听生理学家是怎样解释这两种运动的吧。我相信，下面这段材料对大多数读者来说一定很新颖。

假定一个人正在单脚站立，并且用的是右脚。接着，假定他提起了左脚脚踵，同时身体前倾⚠。这时从重心引出的垂线显然会超出脚的支撑面，人也随之要

> ⚠1
>
> 这时候行走的人因为要向前迈进一步，会对支点增加大约 20 千克力的压力。也就是说，人行走时对地面施加的压力要比站立时大。

向前跌倒；然而这个跌倒还没来得及发生，他原本已经悬空的左脚迅速向前移动，并且落到了从重心引出的垂线前方的地面上，于是从重心引出的垂线又落到了两脚之间的区域。如此一来，原本已经失去的平衡又恢复了，这个人也向前迈了一步。

当然，这个人可以就此保持这个有点吃力的姿态。但是，如果他想继续前进，那他就得继续将身体前倾，使自己的重心线越过双脚之间的区域，并在即将向前跌倒的时候，再次伸出脚去，只不过这次要伸的是右脚，而不是左脚——于是他又向前迈了一步。如此循环往复，他便一步又一步地走了下去。因此，行走实际上是

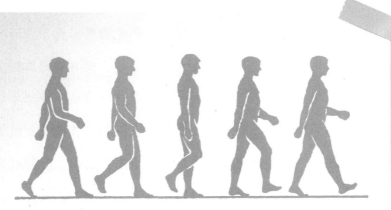

<图5> 行走时，人体的连续动作。

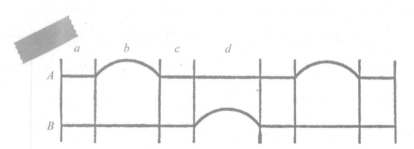

<图6>步行时两脚的动作图解。上面的 *A* 线表示一只脚，下面的 *B* 线表示另一只脚。直线表示脚和地面接触的时间，弧线表示脚离开地面移动的时间。从图上可以看出，在时间 *a* 里，两只脚都是着地的；在时间 *b* 里，*A* 脚抬离地面，*B* 脚继续着地；在时间 *c* 里，两只脚又同时着地。行走的速度越快，*a*、*c* 两段时间就越短（请与图8的奔跑图解比较）。

一连串的向前倾跌，并及时跟上后面的脚来保持身体平衡的运动。

　　我们不妨进一步分析这个问题。假定已经走出了第一步，这时右脚还未离开地面，而左脚已落到了前面的地面上。只要走出的这一步不那么小，那右脚的脚跟应该已经抬了起来，正是因为抬起了这个脚跟，身体才会向前倾跌，从而破坏了平衡。而左脚呢，首先是脚跟先着地。当左脚的整个脚底落到地面上的时候，右脚也完全离开地面了，与此同时，原本略弯曲的左膝因为股四头肌的收缩而伸直了，并瞬间呈直立状态。左腿在这一

瞬间由原来的弯曲状态变为竖直状态。这使得半弯曲的
右脚可以提起来向前移动了，并且随着身体的前倾把右
脚的脚跟恰好在走第二步时放下。

接着，左脚也是只剩脚趾还贴着地面，然后整只脚
悬空，再重复方才那一连串的动作。

奔跑不同于行走之处在于，原本站立在地面上的

＜图7＞奔跑时，人体的连续动作。

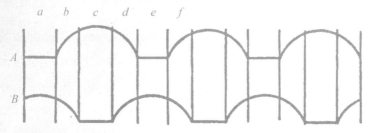

＜图8＞奔跑时两脚的动作图解（请与图6比较）。从图上可以看出，
奔跑时有两脚都离开地面的瞬间（b、d、f）。奔跑与行走的不同之处
就在这里。

脚，因肌肉的突然收缩而强劲地弹起，将身体抛向前方，使整个身体在这一瞬间完全悬空。紧接着身体又落回地面，但是换了一只脚来支撑，这只脚在身体悬空的时候快速地移到了前方。因此，奔跑实际上是一连串的从一只脚到另一只脚的飞跃。

过去，人们曾以为人在平地上行走时所消耗的能量△为零，其实不然。步行者每走一步，重心都要上移几厘米。通过计算可知，步行者在平地上所做的功△，大约等于把这个步行者的身体提高到与所走距离相等的高度时所做的功的十五分之一。

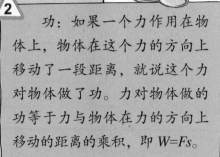

1　能量：一个物体能够对外做功，表示这个物体具有能量，简称能。一个物体对外做了多少功，它就减少了多少能量；反之，外界对一个物体做了多少功，这个物体的能量就增加了多少（功的单位与能量的单位相同，均为焦耳）。

——译者注

2　功：如果一个力作用在物体上，物体在这个力的方向上移动了一段距离，就说这个力对物体做了功。力对物体做的功等于力与物体在力的方向上移动的距离的乘积，即 $W=Fs$。

——译者注

用手抓住一颗子弹

据报载，在第一次世界大战期间，一名法国飞行员遇到了一件非比寻常的事。

当时，这名飞行员正在2000米的高空飞行，忽然，他觉察到有个小东西在他脸旁游动，他以为是一只小飞虫，于是伸出手去，敏捷地把它抓了过来。现在，请你想象一下这名飞行员的惊诧吧，他发现他抓到的竟然是——一颗德军的子弹！

这么不可思议的事情难道是真的吗？传说中，敏豪生男爵△也曾赤手空拳抓住过飞来的炮弹，法国飞行员的这一经历跟这个故事何其相似。

事实上，法国飞行员徒手抓子弹的神奇经历，是完全有可能的。

我们都知道，子弹并不是一直用800～900

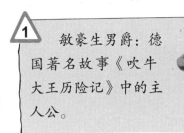

① 敏豪生男爵：德国著名故事《吹牛大王历险记》中的主人公。

米/秒的初速度飞行的，由于空气的阻力，这个速度会逐渐降低，在飞行路径的末端（即跌落前），子弹的飞行速度可能只有40米/秒。这时，完全有可能出现这样的情形，即飞机和子弹速度相当，飞行方向也一致。也就是说，此时这颗子弹对于飞行员来说，是静止不动的，或者只是在缓慢地移动。如此一来，飞行员顺手抓住一颗子弹也就没有什么难度了，尤其是飞行员一般都戴着厚厚的手套，可以无惧子弹在飞行过程中跟空气摩擦产生的近100℃的高温。

1 初速度：若一个物体在做变速运动，则指定时间内的开始时速度称为初速度（v_0）。
——译者注

2 物体的运动和静止是相对的。当我们判断一个物体是在运动还是静止时，总是选取某一物体作为标准，这个物体叫作参照物。所以，文中以飞行员为参照物，子弹就是静止的，或者只是在缓慢地移动。
——译者注

西瓜炮弹

如果说一颗子弹在特定的条件下可以变得对人毫无杀伤力，那么，也有可能出现与之完全相反的情形：将一个"毫无威胁"的物体用较小的速度抛出去，却可以造成毁灭性破坏。

1924年举行过一场汽车竞赛。当汽车在赛道上飞驰而过时，沿途的村民为了表示祝贺，纷纷往汽车上抛掷西瓜、香瓜、苹果等水果。可是，这些村民的善意造成了意想不到的恶果：被西瓜和香瓜击中的汽车，被砸出了许多凹坑，甚至彻底报废；被苹果击中的车手也都受了重伤。造成这种恶果的原因很简单：汽车本身具有很快的速度，再加上投掷过来的西瓜、香瓜和苹果的速度，便使得这些水果变成了极具破坏力的危险的"炮弹"。经过简单的计算可知，将一个4千克的西瓜扔向时速120千米的汽车所产生的能量，跟一颗10克的子弹从枪管里发射出去以后所具有的能量大致相当。

当然，西瓜的破坏力还是不能和子弹相提并论，因为西瓜远没有子弹坚硬。

<图9> 向疾驰而来的汽车投掷出去的西瓜会成为危险的"炮弹"。

飞机在高空大气层（平流层）飞行时，速度可高达3000千米/时，与子弹的飞行速度相当，这时每一个飞行员都有可能碰到前文所说的那种情形。如果有物体冲进飞机的航线里，落在这架高速飞行的飞机前面，那这个物体的破坏力对飞机来说不亚于一颗炮弹。如果这架飞机不幸被从另一架飞机上偶然掉落的子弹击中——即使这另一架飞机不是迎面飞来的——那也跟被从机枪里射出的子弹击中一样：这颗偶然掉落的子弹碰到这架飞机时所产生的

能量，基本上跟从机枪里打到飞机上的一样。道理很简单，对于这架飞机来说，这颗偶然掉落的子弹的相对速度⚠就是这架飞机本身的速度，而这个速度跟从机枪里发射出

1

相对速度：选取不同的参照物，物体的速度也可能不同。相对于定坐标系（地球上一般选地面作为定坐标系）的速度量，称为绝对速度；而相对于动坐标系（例如文中的飞机）的速度量，称为相对速度。

——译者注

来的子弹的初速度大致相当，达800米/秒，因此，这颗子弹掉到飞机上所造成的破坏力也同样巨大。

与之相反，假设有一颗从机枪里射出的子弹从后方飞向正以相同的速度飞行的飞机，那么正如大家已经知道的那样，这颗子弹对飞行员来说是没有什么危险性的。因为两个物体以相同的速度向相同的方向移动的话，那它们在接触的时候是不会产生什么破坏力的。1935年，一位火车司机就十分机敏地运用这一原理，避免了一场重大事故发生。

事情的经过是这样的：那天，这位火车司机驾驶火车在铁轨上行驶，前方还有另一列火车也在铁轨上向前行

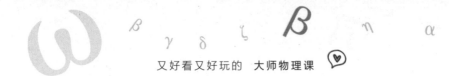
驶。突然，前面那列火车因蒸汽不足而停了下来。随后机车牵引着前几节车厢驶入了前面的车站，后面的36节车厢则暂时停在了原地。但是由于工作人员忘记在车轮后放置阻滑木，这些车厢竟沿着略有倾斜的铁轨以15千米/时的速度向后滑去，眼看就要撞上后面的火车了。那位机敏的司机意识到了问题的严重性，他马上将自己的火车刹住，然后开始倒车，并将后退的速度也逐渐增加到15千米/时。正是因为他急中生智所想出来的这一妙法，那36节车厢最终平稳地承接在了他的机车前面，彼此都没有受到任何损伤。

根据同样的原理，人们发明了便于在行进的火车上写字的装置。众所周知，在行进的火车上写字是相当困难的，因为车轮通过轨缝时所产生的震动并不会同时传到纸上和笔尖上。如果我们有法子让纸和笔尖同时接受这个震动，那么两者就是相对静止的，这样的话，即使在行进的火车上写字也毫不困难了。

要使纸和笔尖同时接受由车轮传来的震动，可以使用图10的装置。用一条小皮带将握着钢笔的右手固定在木板a上，这块木板a是可以在木板b的槽里左右移动的；接着

将木板b放在车厢里的小桌上，这张小桌带有木座小槽，这样木板b就可以上下移动了。在如图10所示的装置中我们可以看出，手是非常灵活的，可以一字一句地一直写下去；此时木座上的纸所接受到的每一个震动，也会同一时间经由手而传到笔尖上。有了这种装置，你在火车行进时写字便跟你在火车停止时写字一样方便了，只不过你看到的纸上的字会不停地跳动，这是因为你的头和手所接受到的震动并不是同步的。

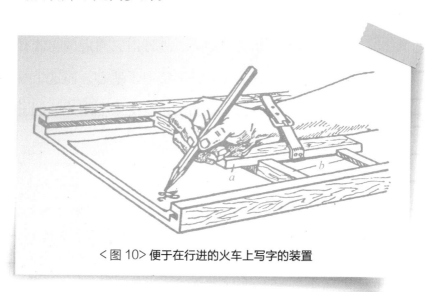

<图10> 便于在行进的火车上写字的装置

物体在什么地方比较重

地球对物体的引力会随着这个物体离地高度的增加而减少。假如我们把一个重量为10牛顿的砝码提升至离地6400千米的高空，也就是使其至地心的距离增加到地球半径的两倍，那么它所受到的地球引力会减弱到四分之一；如果在那里用弹簧秤称这个砝码，显示的不是10牛顿，而是2.5牛顿。根据万有引力△定律，地球对它附近的物体有引力，可以看作地球的全部质量都集中于地心，而这个引力与该物体到地心距离的平方成反比。所以在刚才的例子中，砝码与地心的距离增加为原来的两倍，引力就减弱到原来的四分之一（$\frac{1}{2^2}$）。如果把砝码提升至12800千米的高空，即离地心

> **1**
> 　万有引力：宇宙间的物体，大到天体，小到尘埃，都存在互相吸引的力，这就是万有引力。该引力的大小与两个物体质量的乘积成正比，与它们之间距离的平方成反比。
>
> 　　　　　　——译者注

的距离为地球半径的三倍，则引力会减弱到原来的九分之一（$\frac{1}{3^2}$）。此时，原本重量为10牛顿的砝码放在弹簧秤上称便只有约1.1牛顿了。

这样一来，有人便会想当然地认为物体越接近地心，受到的引力就越大，也就是说，一个砝码在地球深处会比在地面时重。然而这种想法是错误的。越进入地球深处，物体的重量反而会越小。造成这一现象的原因是：物体一旦进入地球内部，地球的引力就不单作用在物体的一侧（底部），而是普遍存在于物体的各个部分。如图11所

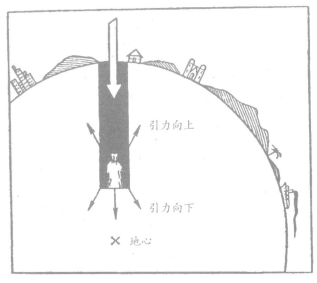

< 图 11> 物体深入地下以后重量会逐渐减小。

示，你会发现，位于地下深处的砝码，一方面受到它上方的地球物质微粒向上的引力，另一方面又受到它下方的地球物质微粒向下的引力。这里我们不难证明，物体最终受到的引力作用，只相当于一个半径为地心至物体间的距离的球体所产生的引力。因此，物体越深入地球内部，其重量就越小。到达地心时，物体的重量将全部失去，呈失重状态；因为在那里，物体各方向的地球物质微粒对它所施的引力是完全相等的，这些引力互相抵消，最终变成零。

所以，物体在地球表面时最重，其他情形——无论是升到高空还是深入地下，其重量都会减少△。

> **1**　这里所说的，只是假定在地球密度一致的情况下才会如此。事实上，地球越靠近地心的部分密度越大，因此，物体在进入地球内部的时候，在最初的一小段距离内其重量反而会增加一些，随后才开始逐渐减少。

物体在下落时有多重

你是否有过这样的感受，在电梯下降的瞬间会生出一种恐惧感？一种异乎寻常的轻飘飘的感觉，仿佛要跌向无底深渊。这其实就是失重的感觉：在电梯启动的瞬间，你脚下的地板已经落下去，而你的身体还未来得及产生同样的速度，这一瞬间你的身体对地板施加的压力几乎为零，因此你的体重也会变得很小。只一瞬间这种恐惧感就会消失，此时你的身体会用比匀速下降的电梯更快的速度向下降落，于是重新对地板施加压力，体重也就恢复如初了。

在弹簧秤的钩子上挂一个砝码，然后使弹簧秤连同砝码快速地向下落，注意看弹簧秤上的读数（为了便于观察，可以在弹簧秤的缝隙里嵌入一小块软木，来注意软木的位置变化）。你会发现，在弹簧秤和砝码一同落下的时间里，弹簧秤所指示的数值并不是砝码的全部重量，而只是一小部分的重量。假如弹簧秤连同砝码从高处自由下落，而你得以在它们下落的过程中观察弹簧秤的指针，你

会发现，砝码在自由下落的过程中竟是完全没有重量的，弹簧秤所指示的数值是0。

哪怕是最重的物体，它在自由下落时也会变得完全没有重量。这一点很好解释。"重量"是什么呢？是物体对它的悬挂点所施加的下拉力或对它的支撑点所施加的压力。然而自由下落的物体并没有对弹簧秤施加下拉力，因为弹簧秤也是跟着它一同落下的。物体在自由下落的过程中，并没有拉着或压着什么东西，所以，若有人问"这个物体在自由下落的过程中有多重"，就相当于在问"它没有重量的时候有多重"。

早在17世纪，经典力学的先驱伽利略就写道："我们之所以能感觉到肩上有重荷，是因为我们使它压在肩上而不让它跌落。假如我们和肩上的重物一起以同样的速度向下落，那它又怎么会压到我们呢？这就好比我们手握长矛刺向一个人（当然，只能手握长矛而不能将长矛投掷出去），而这个人却用和我们相同的速度在前面奔跑一样。"

下面这个简易的实验（罗森堡实验），直观地证明了上述理论的正确性。在天平的一个托盘上放一只核桃夹子，并使核桃夹子的一条"腿"平放在盘面上，再用细线将另一条"腿"吊在天平的挂钩上（图12）。接着，在天平的另一个托盘上放砝码，使天平平衡。现在，点燃一根火柴并烧断细线，原本吊在挂钩上的一条"腿"便落到了托盘上。仔细想想，在这条"腿"落下的一瞬间，天平会发生什么变化？在核桃夹子向下落的时间里，这边的托盘会向上升呢，还是向下沉呢，抑或是继续保持平衡？

你前面既已知道自由下落的物体是没有重量的，那么这个问题的答案也就显而易见了：放核桃夹子的托盘在这一瞬间会向上升起。

果然不出所料，被吊起的那条"腿"虽然与下面一条"腿"连在一起，但它在向下落时对下面一条"腿"所施加的压力，还是要比它在固定不动时小。核桃夹子的重量在这一瞬间减小了，这边的托盘自然会向上升起。

<图 12> 演示自由下落的物体没有重量的实验

阿基米德能撬起地球吗

"给我一个支点，我能撬起地球！"这是最早发现杠杆原理△的力学家阿基米德的名言。普鲁塔克在他的书中向我们描述了这件事："有一天，阿基米德给他的亲戚兼朋友——叙拉古国的国王希伦写信，告诉他一定大小的力可以移动任何重量的物体。阿基米德喜欢引用有力的证据，因此他补充道：'要是还有另一个地球，我就能站在它上面来移动我们的地球了。'"

因为阿基米德知道，只要使用杠杆，便可以用很小的力把任何物体举起来——只需要把这个物体放在杠杆的短

1 杠杆是利用直杆或曲杆在外力作用下能绕杆上某一固定点转动的一种简单机械。杠杆的平衡条件是动力 × 动力臂 = 阻力 × 阻力臂（$F_1 l_1 = F_2 l_2$），这个平衡条件就是阿基米德发现的杠杆原理。

——译者注

臂一端，而将力施加在杠杆的长臂一端。所以他认为，若能将力施加在一根非常长的杠杆臂上，那他就能撬起质量与地球相当的重物。

然而，这位力学巨匠如果知道地球的质量有多大，或许就不会这样夸海口了。假设阿基米德真的找到了另一个可以用来做支点的"地球"，而且也找到了一根足够长的杠杆，那么请大家猜一下，他要花费多少时间才能把我们的地球撬起来——哪怕1厘米呢？答案是：至少30万万万年！

天文学家们都知道地球的质量。如果将这样的庞然大物拿到地球上来称，其质量大约是：6000000000000000000000吨。比方说一个能举起60千克重物的人，他要想举起地球，就得借助一根长臂等于短臂100000000000000000000000倍的杠杆！简单算一算便可知道，短臂的一端举高1厘米的话，长臂那一端就要在宇宙间画一个巨大的圆弧，弧长约1000000000000000000千米。

这就说明，阿基米德想要把地球举高1厘米的话，那他压着杠杆的手就需要移动这样一个超乎想象的距离！这需要花费多少时间呢？假设阿基米德将一个60千克的

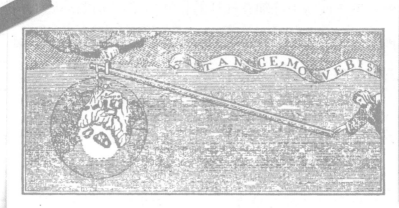

<图13> "阿基米德用杠杆撬起地球"

重物抬高1米需要1秒钟,那么他将地球举高1厘米需要1000000000000000000000秒,即30万万万年!因此,就算花费一辈子的时间,阿基米德都无法将地球移动——哪怕头发丝粗细的距离(图13)。

　　这位天才发明家即使有再多的聪明才智,都无法缩短这个时间。力学上的"黄金法则"告诉我们:无论什么机器,想要在力量上占便宜,就得在移动距离上吃亏,也就是需要花费更多的时间。假设阿基米德的手运动的速度足以达到自然界最快的速度——光速(300000千米/秒),那他也要花费十几万年的时间才能将地球举起1厘米。

比自己更有力量

你单手能提起多重的东西？假定10千克吧。你是不是以为这10千克力就代表你手臂肌肉的力量了呢？那可就大错特错了：肌肉的力量远不止于此！请注意观察，比如你手臂上的肱二头肌的作用吧。如图14所示，我们的前臂骨相当于一个杠杆，肱二头肌固着在这个杠杆的支点（即关节）附近，重物则作用于这个杠杆的另一端。重物至支点的距离，大约是肱二头肌端至支点的距离的8倍。这就表示，重物的重量为10千克力的话，这条肌肉就得付出8倍的力量才能提起它。所以说，我们的肌肉能发出的力量可以达到我们手臂力量的8倍，这样的话，它能直接提起的就是80千克的东西，而不止10千克的东西。

我们大可以实事求是地说：我们每个人都比自己表现出来的更有力量，换句话说，我们的肌肉所发出的力量要比我们在日常动作里所展现的力量强许多倍。

这样的话，人的手臂构造是否合理呢？乍一看，似乎

很不合理——这里我们看到的是力量的无偿损失。但是，请想想力学上那条古老的"黄金法则"：在力量上吃的亏会在移动距离上有所补偿。由此

可知，我们在速度上是有所补偿的：我们两只手臂的动作速度比操纵手臂的肌肉的动作速度快8倍。动物体内肌肉的连接方式保证了其四肢的灵活性，这在生存中要比力量更为重要。如果我们的四肢不是这样的构造，那我们就会是行动极缓慢的动物了。

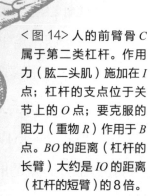

＜图 14＞人的前臂骨 C 属于第二类杠杆。作用力（肱二头肌）施加在 I 点；杠杆的支点位于关节上的 O 点；要克服的阻力（重物 R）作用于 B 点。BO 的距离（杠杆的长臂）大约是 IO 的距离（杠杆的短臂）的 8 倍。

09

永动机

关于"永动机"和"永恒运动"，无论是其狭义的概念还是广义的概念，都是老生常谈了，但是真正了解它们的含义的人并不多。永动机是一种人们臆想中的机械，它能不停地自行运动，还会不断地对外做功（如举起重物等）。自从这个概念诞生以来，许多人都尝试做出这样的机械，但是直到现在也没有人获得成功。由于这些人的发明都以失败告终，人们开始相信永动机无法制造出来，并且从这一点确立了自然科学中最基本的定律之一——能量守恒定律[△]。至于"永恒运动"，说的是一种永不停止也

① 能量守恒定律：能量既不会凭空消失，也不会凭空产生，它只会从一种形式转化成其他形式，或者从一个物体转移到其他物体，而在转化和转移的过程中，能量的总量保持不变。

——译者注

不做什么功的运动。

图15画的是一种设想的自动机械——永动机最古老的设计之一，直到今天还有一些永动机的狂热者想要把它复制出来。这种机械是这样子的：一只轮子的边缘上装有许多可动的短棒，每根短棒的前端都有重锤，这些重锤不做固定，能够自由活动。无论轮子处于什么位置，右侧重锤总是比左侧重锤离轮心远，因此右侧重锤总要向下压，就使轮子转动。这样至少在轮轴磨坏之前，这只轮子应该一

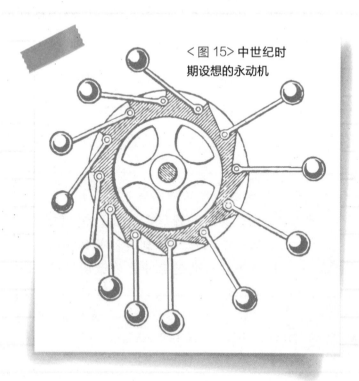

<图15> 中世纪时期设想的永动机

直旋转才对。它的发明者就是这样想的。然而，当这种机械真的被制造出来以后，它却压根不会转动。为什么发明家的设计在实践中行不通呢？

　　原因如下：虽然右侧的重锤距离轮心都比较远，但是在数量上要比左侧的少。如图15所示，右侧的重锤只有四个，而左侧的重锤有八个。最终结果就是，这只轮子仍然可以保持平衡，那么自然就不会旋转了，只是晃动几下后就停在图中这个位置上了⚠。

　　现在已经证实，能够不停地自行运动（尤其运动时还要对外做功）的机械是不可能制造出来的，任何人在这方面的努力都是徒劳无功的。以前，尤其是中世纪时期，许多人为了研究和解决这个所谓的"永动机"（拉丁语为*perpetuum mobile*）的构造问题，投入了大量的人力和物力，却没有任何结果。当时，制造永动机甚至比用廉价金属炼黄金更

①　这里要应用到所谓的"力矩定律"。力矩是描述力对物体产生转动效应的物理量，较常用的是外力对某一转轴的力矩。当该力在垂直于转动轴的平面内时，其对轴之矩大小等于力和力臂（力的作用线与轴之间的垂直距离）的乘积。

让人着迷。

普希金在其作品《骑士时代的几个场面》中，就曾描写过这类幻想家，他的名字是别尔托尔德。

"什么是*perpetuum mobile*？"马尔丁问。

"*perpetuum mobile*，"别尔托尔德答道，"就是永恒运动。我如果能找到永恒运动的方法，就能证实人们的创造力是无穷的……你明白吗，亲爱的马尔丁？炼制黄金这件事虽然充满了诱惑力，也能获得巨大的利益，但是跟制造*perpetuum mobile*比起来……噢！……"

人们设想过几百种"永动机"，但是没有一个能自行运动。每一个制造者，正如我们所举的例子一样，总会忽略这样或那样的环节，从而毁了整个设计。

图16画的是另外一种臆想出来的永动机：一只轮子，内部装有能自由滚动的沉重钢球。这位制造者的想法是，轮子一侧的钢球总比另一侧的钢球离轮心远，它们的重量可以带动轮子不停地旋转。

毫无疑问，跟图15所画的那个轮子一样，这个想法自然也无法实现。虽然如此，在广告盛行的美国，一家咖啡

<图 16> 装有可自由滚动的钢球的永动机

店特地建造了一个类似的装置（图17）来吸引顾客。虽然这个大轮子看上去好像真的在沉重的钢球的带动下旋转不停，但其实它是由一台隐藏起来的电力驱动装置来带动的。

这一类"永动机"同样层出不穷。曾经，一些钟表店为了招徕顾客，便常常在橱窗里安装这样的装置——当然，这些"永动机"都是很隐蔽地用电力驱动的。

有一次，一台用来做广告的"永动机"给我平添了不少麻烦。我的工人学生们看到这个装置后，纷纷对我提

出的永动机是不可能
制造出来的种种证明
产生怀疑。那台"永
动机"上的球，滚过
来又滚过去，带动了
那只轮子，同时又被
轮子抬升起来，这比
我的论证更具有说服
力；他们怎么也不相
信这台"永动机"是
靠发电厂输送的电流
才转动的。还好当时

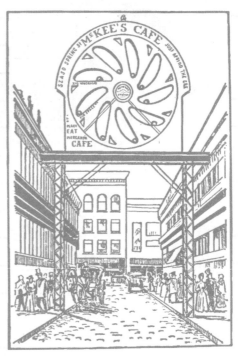

<图17> 位于美国洛杉矶市的假想的永动机

发电厂每逢节假日都会停电，这样我才有机会解决这一问
题。我建议学生们在节假日再去看看，他们照做了。

　　"怎么样，看到那台'永动机'了吗？"我问。

　　"没有，"学生们难为情地答道，"它被报纸遮住
了，我们看不到。"

　　最终，能量守恒定律又赢得了学生们的信任，而且是
永久的信任。

古人不知道的事

直到今天，现代的罗马居民还在使用古罗马人修筑的输水设施。可以想象，古代罗马的奴隶把水道修建得多么坚固！

不过我们也必须指出，负责这项工程的罗马工程师在知识方面的匮乏：他们对物理学的基本知识了解得还不够，这是显而易见的。图18是古书中记载的古罗马水道。

<图 18> 古罗马水道建设图

仔细观察图片你会发现，古罗马的水道不是埋在地下，而是铺在地上，架设在高高的石柱上的。他们为什么要这样做呢？像现在这样把输水管道埋到地下，难道不是更省事的做法吗？这自然是更省事的做法，但是那个时期的罗马工程师对连通器原理△的认识还十分模糊，由于各个水池里的水无法保持在一个平面上，他们担心用长管子连接这些水池并将其沿着高低不平的路面埋到地下的话，那么在某些地段上，水就不得不向上流——然而他们却很怕水不会往上流。因此，他们通常把全段水管都沿着均匀的坡度倾斜向下铺设（为了做到这一点，有时不得不使管子绕个大弯，或者使用高高的拱形支柱）。古罗马有一条叫阿克瓦·马尔齐亚的水道，全长100千米，但是水道两端的直线距离却只有这个长度的一半。仅仅因为不了解物理学的基本原理，就多修建了50千米长的石头工程！

> ① 连通器原理：在重力加速度不等于零且其相对于连通器内的各个部分的值都相等的情况下，向连通器内注入同一种密度均匀的液体，当液体相对于连通器静止时，连通器的各个容器内的液面保持相平。
>
> ——译者注

哪一边比较重

在天平的一边托盘上放一只盛满清水的水桶，在另一边托盘上放一只一模一样的盛满清水的水桶，只是水面上浮着一个木块（图19）。天平会向哪边倾斜呢？

<图 19> 两只一模一样的水桶，都盛满清水，其中一只桶里水上浮着一个木块。哪边比较重？

我曾经问过很多人这个问题，得到了不同的答案。一些人认为有木块的那一边更重，因为"水桶里除了水，还有一个木块"。另一些人却有不同看法，他们认为没有木

块的那一边更重，因为"水比木块重"。

然而，这两个答案都不对，正确答案应该是：两边是一样重的，即天平会保持平衡。虽然第二只水桶里的水确实要比第一只水桶里的水少，因为浮在水上的木块会排掉一些水，但是根据阿基米德定律（浮力定律），当物体漂浮在液体中时，物体所排开液体的重量等于物体的重量。因此，天平两边的重量是完全相等的。

现在，请你回答另一个问题。我在天平的一边托盘上放一只盛有半杯水的杯子，再在杯子旁放一个小砝码。接着，在天平的另一边托盘上加砝码使天平平衡。现在，我把杯子旁的那个小砝码扔进那杯水里，天平会发生怎样的变化呢？

根据阿基米德定律，那个小砝码在水中要比在水外轻，这样的话，放杯子的那一边天平托盘应该升起来才是。但事实上，天平依旧保持平衡，这又是为什么呢？

原来，小砝码被扔进杯子里后排出了一部分水，使杯中的水位升高，因此施加给杯子底部的压力就增加了，如此一来，这个额外增加的压力，正好等于小砝码由于水的浮力所减轻的那部分重力，所以天平依旧是平衡的。

液体的天然形状

我们习惯性地认为，液体没有确定的形状，但这是不正确的。任何一种液体，它的天然形状都是球形。通常情况下，液体受重力的作用而无法保持球形。因此，没有被放入容器里的液体就会形成薄薄的一层流散开去，而被放入容器里的液体就会具有容器的形状。如果将一种液体放入另一种与其密度相同的液体之中，根据阿基米德定律，

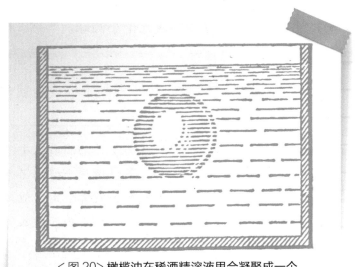

< 图 20> 橄榄油在稀酒精溶液里会凝聚成一个圆球，既不会上浮，也不会下沉（普拉托实验）。

这种液体会"失去"自己的重量：它仿佛完全没有重量，重力对它丝毫不起作用，这时候这种液体就会形成它的天然形状——球形。

橄榄油在水里会上浮，在酒精里会下沉，因此我们可以用水和酒精制成一种混合液，使橄榄油在这种混合液里既不上浮也不下沉。用注射器把少许橄榄油注入混合液中，就会出现一个神奇的现象：橄榄油聚集在一起形成一个大圆球，既不会上浮，也不会下沉，而是悬浮在混合液里（图20）。

做这个实验时一定要耐心且小心，否则橄榄油将无法形成一个大圆球，而是分散形成几个小圆球。当然，即便如此，这个实验也同样神奇。

下面，我们来继续实验。找一根细木棒或金属丝，用它刺穿油滴，然后旋转细木棒或金属丝，油滴也会随之旋转起来。（如果能在细木棒或金属丝上插一片浸过油的、大小刚好能完全

> **1** 为了让油滴看上去不变形，最好使用平壁容器来进行实验；就算使用其他形状的容器，也要将其放入另一个装满水的平壁容器来进行实验。这是考虑透视的效果。

插入油滴里的圆纸片，实验效果会更加理想。）因为旋转，这个油滴开始变扁，几秒钟后会甩出一个圆环来（图21）。随后，这个圆环会分裂成许多球形的小油滴，而这些小油滴会继续围绕中间的大油滴旋转。

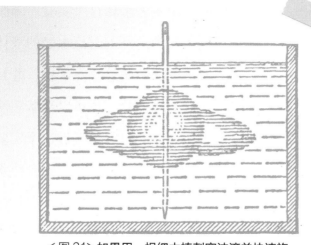

<图21> 如果用一根细木棒刺穿油滴并快速旋转，油滴就会向外发散，形成一个油环。

最早做这个具有启发性的实验的是比利时物理学家普拉托。上文所讲的就是普拉托实验的经典方法。其实，这个实验还可以用另一种更为简单但同样具有启发性的方法来做。取一只小玻璃杯，用清水冲洗干净并往里面注入橄榄油，然后把这只小玻璃杯放到另一只大玻璃杯的底部。小心地往大玻璃杯中注入酒精，直至整只小玻璃杯都浸没在

酒精里。接着，用一只小勺沿着大玻璃杯的杯壁慢慢地往里面注水。这时候小玻璃杯中的橄榄油会慢慢地向外凸起，当水加到一定的分量时，橄榄油就完全脱离小玻璃杯并形成一个大圆球，悬浮在酒精和水的混合液里（图22）。

　　如果没有酒精，你可以用苯胺来做这个实验。苯胺是一种在常温下比水重，但在75℃~85℃时比水轻的液体。因此，通过加热，我们就可以让苯胺悬浮在水里，并且形成一个大圆球。在室温下，通过加盐，也可以让苯胺滴悬浮在盐水里。除此以外，还可以用对甲苯来做这个实验，它是一种暗红色的液体，在24℃时的密度与饱和食盐水的密度相同，这时便可以直接把对甲苯加到饱和食盐水里。

<图22> 简化版普拉托实验

"永动的"时钟

在本书中，我们已经谈论了各式各样设想中的永动机，并且也解释了永动机不可能制造出来的原因。现在，我们再来讨论一下"免费"的发动机，也就是一种不需要花费人力就可以长时间运转的发动机，因为这种发动机所需的能量都是由外部环境取之不尽的能源提供的。

大家应该都见过气压计吧，常见的有水银气压计和金属气压计。在水银气压计里，水银柱总是随着大气压的变化而升高或降低；在金属气压计里，指针也会随着大气压的变化而左右摆动。

18世纪，一位聪明的发明家将气压计的这种运动原理应用到钟表上，制造出一只能够自行发动且永不停转的钟表。1774年，英国著名的天文学家、机械师弗格森看到这个有趣的发明后，这样评价道："我仔细观察了那只时钟，它有一个特制的气压计并通过里面水银柱的升降进行驱动；完全不用担心这只时钟会在某一时刻停下来，即使

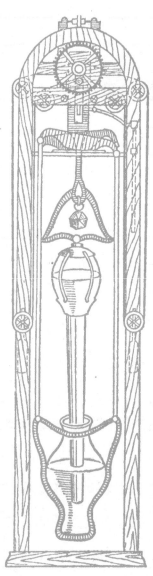

<图23>18世纪"免费"的时钟构造图

拿掉气压计，时钟里面积聚的动力也足够维持它转动一年了。说实话，通过对这只时钟的仔细观察，我认为无论在设计上还是制作上，它都是我见过的最精巧的机械。"

可惜这只时钟没能保存到今天，它被偷走了，没有人知道它现在身在何处。不过，那位天文学家所绘的构造图（图23）还在，因此我们有机会把它复制出来。

在这只时钟结构中，有一支大型水银气压计。在一个框架上挂着一只玻璃瓶，玻璃瓶里倒插着一只长颈瓶，在上述容器里共装有水银150千克。玻璃瓶和长颈瓶是可以相对活动的，然后通过一组巧妙的杠杆，在大气压力增加时使长颈瓶下降而玻璃瓶上升，在大气压力降低时使长颈瓶上升而玻璃瓶下降。这两种运动会让一只小齿轮始终按一个方向转动。只有在大气压完全没有变化时，小齿轮才会静止不动，但这个时候时钟仍能继续走动，不过是由事先提升上去的重锤落下的能量来驱动的。要做到既能让重锤向上提升，又能利用重锤的下落来进行驱动，是很难做到的，但古代的钟表匠们很有创造力，他们成功地解决了这个问题。原来，气压变化产生的能量大大地超过了需求量，也就是说，重锤提升的速度比下落的速度快；因此还要有一个特别的装置，等到重锤提升到最高处时能任其自由地落下去。

大家很容易就能发现，这种"免费"的发动机以及类似的装置与"永动机"的本质区别。在"免费"的发动机里，能量并非像"永动机"制造者们所臆想的那样无中生有，它所需要的能量来源于外部。在我们讲的这个例子里，驱动时钟的能量来源于周围的大气，而大气的能量来源是太阳。如果"免费"的发动机的制造成本，相较于它所能产生的能量来说不是太贵的话（一般情况下是非常贵的），那么"免费"的发动机在实践中就会像真正的"永动机"一样经济实用了。

不会淹死人的"海"

很久以前，人们就知道世界上有不会淹死人的"海"，即著名的死海。死海的水很咸，一般生物都无法在里面存活。巴勒斯坦地区高温少雨的气候使死海里的水剧烈蒸发，而溶解在水里的盐依然留在死海里，于是盐的浓度越来越大。这就是为什么死海水的含盐量不像一般海水那样只有2%～3%，而是在27%以上，并且越到湖底含盐量越高。这样的话，在死海包含的所有物质当中，溶解的盐占到了$\frac{1}{4}$，据估计，死海里盐的总含量约为4000万吨。⚠

1　　死海虽然名字中带有"海"字，但实际上是一个内陆盐湖，位于约旦和巴勒斯坦之间的西亚裂谷中。死海水含盐量极高，为一般海水的8.6倍（一般海水的平均含盐量为3.5%，而死海表层水中的盐分每升在227～275克，深层水中在300克以上）。据估计，死海的含盐总量约为400亿吨。由于时代原因，原文中的数据与现在的有出入，均遵照原著，未作修改。

　　　　　　　　　　　　　　——译者注

　　超高的含盐量使死海呈现出一种有趣的特性：死海水的比重比一般海水的比重大。在这样的液体里，人是不会沉下去的，因为人的比重也比它的比重小。

　　人体的重量要比同体积的浓盐水轻得多，所以按照浮力规律，人在死海里只会浮在水面上而不会往下沉，就像鸡蛋在盐水中会浮起来一样（鸡蛋在淡水中会下沉）。

　　美国幽默大师马克·吐温游览过死海后，曾用诙谐的笔调描写了他和同伴在死海里游泳时所获得的非同寻常的感受：

　　　　在死海里游泳真是太有趣了，我竟然完全不会下沉。在这里我可以把身体舒展开来，还能把双手放在胸前，仰面躺在水面上，而且大部分身体都在水面以上。此时你可以舒舒服服地平躺着，也可以把头完全抬起来，然后用双手抱住双腿往上抬，让膝盖碰到下巴——不过这样的动作会让你立马翻一个跟头，因为头太重了。你还可以头朝下在水里竖起来，使自己从胸脯到脚尖这一部分留在水面之上，不过这样的姿势也是无法持久的。在这里是游不快的，因为你的双脚都浮在水面之上，只能用脚尖推水。你要是脸朝下游，那就无法前进，只能后退。马在死海里既无法游泳，也无法站立，因为身体太不稳定了，一到水里便只能侧躺在水面上了。

在图24中，你可以看见一个人很悠闲地躺在死海的水面上。湖水的比重较大，使他可以这样躺在水面上看书，一只手还能撑一把伞遮挡强烈的阳光。

<图24> 仰卧在死海水面上的人（根据照片所绘）

卡拉博加兹戈尔湾（里海的一个海湾）里的海水（比重为1.18）和含盐量达27%的埃尔顿湖里的湖水，也都具有这些特殊的性质。

进行盐水浴的病人，也都有过类似的体验。如果水的含盐量特别高，譬如旧鲁萨矿水，病人就得费很大的力气

才能使自己的身体贴到浴盆底部。我曾经听一位在旧鲁萨疗养的女病人气呼呼地抱怨，盐水总是把她从浴盆里向外推。她理所当然地觉得这应当归咎于疗养院的管理员，而不是阿基米德定律。

不同海域里海水的含盐量各不相同，船只的吃水深度也不一样。有些读者可能见过轮船侧面吃水线附近的标记，叫作"鲁意记号"，它是用来标明轮船在不同密度的水里的最高吃水线的。图25所画的载重标志指的就是船满载时的最高吃水线。

< 图 25> 轮船侧面的载重标志。记号标在吃水线上。为了清晰起见，我们把它放大了。字母所代表的含义见正文。

在淡水里（*Fresh Water*）·······················*FW*

在夏季的印度洋（*India Summer*）···············*IS*

在夏季的咸水里（*Summer*）·····················*S*

在冬季的咸水里（*Winter*）·····················*W*

在冬季的北大西洋（*Winter North Atlantic*）····*WNA*

自1909年起，俄国就要求船只必须做这样的标记。最后有必要补充一点，自然界中存在着这样一种水，不含杂质的时候比普通水重，其比重是1.1，即比普通水重10%。人在这样的水里，就算不会游泳也不会被淹死。这种水叫"重水"，化学式是D_2O（重水中的氢原子比普通氢原子重1倍，符号是字母D），普通水里往往含有极少量的重水：10升饮用水中约含有2克重水。

现在，我们已经可以得到高纯度的重水了。在这种高纯度的重水中，普通水的含量只有0.05%△。

1　随着科技的进步，现在已经能够提取纯度99.98%的重水了。

——译者注

破冰船是如何作业的

　　大家在洗澡的时候可以顺便做一下这个实验。洗完后先不要走出浴盆，而是继续躺在里面，然后打开放水孔。你的身体将一点一点地露出水面，同时你也会感觉到身体在一点一点地变重。由此你可以清楚地看出，你的身体一旦露出水面，它在水里失去的重量就会马上恢复（你可以回想一下自己在水里时是不是感觉自己很轻）。

　　在海水退潮的时候，鲸鱼如果不慎搁浅在了浅滩上，也会有相同的感觉。然而，这对鲸鱼来说是致命的：鲸鱼会被它巨大的自身重量压死。怪不得鲸鱼要在水里生活：水的浮力可以保证它的安全，使它避免因重力的作用而被压死。

　　上述内容与本节的标题密切相关。破冰船也是基于相同原理工作的：在水面之上的那一部分船身，其重力没有被水的浮力作用抵消掉，因此它还是保持着自身在陆地上的重量。你可不要以为破冰船在工作时是利用船首部分

的压力来切断冰块的。这样工作的是切冰船，而不是破冰船，比如20世纪30年代著名的"里特克号"，并且这种作业方式只适用于较薄的冰面。

真正的海洋破冰船在工作时所采用的是另外一种方法。破冰船上载有功率强大的机器，它发动时可以把船首移到冰面上去，船首的水下部分也因此造得非常斜。船首到了水面之上便恢复了自身的重量，而这个巨大的重量就能把冰压碎。为了增加力量，有时还要在船首的贮水舱里装满水，也就是所谓的"液体压舱物"。

当冰面的厚度不超过半米时，破冰船就是这样工作的。如果碰到更厚的冰面，就要利用船的撞击作用来破碎冰块了。这时破冰船要先往后退，然后全力向冰面撞击过去。这时起主要作用的不是船身的重量，而是运动着的船的动能[△]；船仿佛变成了一个速度缓慢但质量庞大的炮弹，变成了一个大撞锤。

如果碰到几米高的冰山，破冰船就要用它坚固的船首猛击数次，才能把冰山击碎。

马尔科夫——一位参加过1932年著名的"西伯利亚人号"穿越极地航行的水手，曾经这样描述破冰船

的作用：

在数百座冰山中间，在覆满冰块之地，"西伯利亚人号"开始了战斗。连续52小时，信号机上的指针总是从"全速后退"跳到"全速前进"。在每班4小时、共计13班的海上工作中，"西伯利亚人号"极速向冰块冲撞过去，用船首撞击它们，再爬上去把它们压碎，随后又退回来……0.75米厚的巨大冰块，就这样慢慢地让开了道路。每一次撞击，都可以让船身向前推进$\frac{1}{3}$。

苏联② 曾经拥有世界上最大、最强的破冰船。

① 动能：物体由于运动而具有的能叫作动能。物体的质量越大、运动的速度越大，动能就越大。

——译者注

② 苏联：全称"苏维埃社会主义共和国联盟"，存在于1922—1991年的联邦制社会主义国家。

——译者注

空气的压力

17世纪中期，雷根斯堡的居民目睹了这样一件怪事：16匹马合力拉两个合在一起的铜制半球，其中8匹马往一个方向拉，另外8匹马往相反的方向拉。16匹马拼命挣扎也没能把两个半球拉开。是什么东西把它们紧紧地黏合在一起的呢？"什么也没有，是空气。"就这样，市长让大家亲眼见证了空气是有重量的，而非"什么也没有"，它对地面上的任何物体都施有很大的压力。

这个实验是1654年5月8日在一个非常隆重的场合进行的。尽管当时局势混乱、战火纷飞，但是这位科学家市长的科学探索还是吸引了众人的目光。

这就是物理教科书中都有的著名的"马德堡半球实验"。但想必读者一定也很乐意听格里克——这位"德国的伽利略"亲口叙述这件事吧。记载这位学者的实验的书由拉丁文写成，篇幅很长，并于1672年在阿姆斯特丹出版。这本书也和那个时代的其他书籍一样，有一个很长的标题：

奥托·冯·格里克

把半球的空间抽成真空进行所谓"马德堡半球实验"

实验最早由维尔茨堡大学数学教授卡斯帕尔·肖特记载。

本书是内容更为详尽且有各种新实验的版本。

我们感兴趣的这个实验摘自这本书的第23章，译文如下：

实验证明，大气压力能把两个半球压得非常紧，甚至16匹马都无法将它们拉开。

我定做了两个铜制半球，直径是四分之三马德堡肘（1个马德堡肘＝550毫米）。然而工匠们一般都做不到这么精确，两个半球的直径实际只有$\frac{67}{100}$马德堡肘。不过幸好它们能够完全吻合。我在其中一个半球上安装了活塞，通过这个活塞可以抽空里面的空气，还能阻止外面的空气进入。此外，我又在两个半球外面分别安装了4个环，然后在环上系上绳子，再把绳子绑在马鞍上。我还吩咐人缝制了一个皮圈，并将其放在松节油和蜡的混合物里浸透，然后把它夹在两个半球中间，这样就完全阻隔了外界的空气。接下来，我在活塞上装上抽气管，把球里的空气全部抽了出来。这样我们就能看出，两个半球是在一个巨大的力量的作用下被皮圈紧紧地黏合在一起的。外面的空气将它们压得如此牢固，以至16匹马也无法将其拉开，或许还要费更大的力气才能将其拉开。最后，当这些马匹拼尽全力终于将两个半球拉开时，出现了如放炮一般的巨响。

但是只要松一下活塞，使空气进入球里，我们仅凭双手就能轻而易举地拉开这两个半球。

通过一个简单的计算我们便可以知道，为什么用这么大的力量（两边各8匹马）才能拉开一个空球的两个部分。每平方厘米面积上承受的空气压力约为1千克力。直径为0.67马德堡肘（37厘米）的圆的面积△是1060平方厘米。因此，每个半球上受到的大气压力都超过了1000千克力（1吨力）。这样一来，两边的8匹马就都得使出1吨力才能克服外部空气的压力。

这对8匹马来说似乎不算一个很大的力量。但是大家别忘了，马平时拉1吨货物所要克服的并不是1吨力，而是车轮与车轴之间、车轮与道路之间的摩擦力，这比1吨力要小很多。比如在公路上，这个摩擦力只有货物重量的5%。也就是说，马拉1吨货物所要克服的摩擦力只有50千克力。因此，8匹马使出1吨力相当于拉着一辆重20吨的货车（我们还没有谈到下面一点：8匹马合力的大小要比它们各自拉力的总和小一半）。这就是马德堡市长的马所要克服的空气压力！它们相当于在拉一台不在铁轨上的小火车头。

通过测量可知，一匹健壮的驮马在拉货车时能使出的力量不超过80千克力。所以一般来说，在拉力平衡的情况下，为了把马德堡半球拉开，每一边都需要1000÷80≈13匹马。

如果我说，人类骨骼的某些关节不会脱落同马德堡半

① 这里用的是圆的面积，即球的表面投在平面上的正射影，也就是大圆的面积，而不是半球的表面积。因为大气压力只有垂直作用于表面时才会有上述数据，斜面上的压力会比较小。

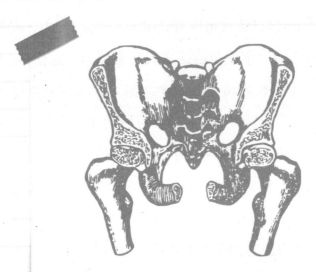

<图 26> 同马德堡半球一样，我们髋关节上的骨骼之所以不会脱开，也是因为大气的压力。

球很难分开的原理是一样的，读者们一定会觉得很惊讶。

其实，我们的髋关节就等同于这样的马德堡半球，即使去掉这个关节上所连着的肌肉和软骨，大腿也不会掉下来：如图26所示，关节之间的缝隙里是没有空气的，因此周围的大气便把它们紧压在一起了。

波浪和旋风

　　生活中很多稀松平常的现象，都无法用物理学上简单的原理来解释。甚至我们在起风时看到的海面上的波浪现象，都无法在中学的物理教科书里找到详尽的解释。再有，轮船在平静的水面上行驶时，从船头散开的波浪是如何引起的呢？为什么旗子会在风中飘动？为什么海滩上的细沙会呈波浪状？为什么从工厂烟囱里冒出的烟是一团一团的？

　　要弄清楚这些问题以及其他类似的现象，就必须知道液体和气体的涡流特点。在这里，我们就稍微讲一讲涡流现象以及涡流的主要特征，因为中学的教科书里基本上不涉及这个知识点。

　　设想一下管子里有液体在流动。假如液体里的所有微粒在管子里都是水平流动的，那么我们所看到的就是一种最简单的液体运动形式——平静地流动，物理学家称之为"片流"（图27）。然而，这并不是最常见的液体运动形

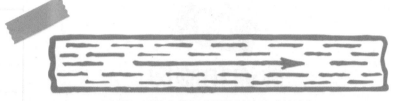

<图27> 液体在管子中平稳地流动（片流）。

<图28> 液体在管子中旋转流动（涡流）。

式。相反，液体在管子里流动时通常都是不平静的，而是从管壁流向管轴。这便是前面提到的涡流，也叫湍流运动（图28）。自来水管中的水便是这样流动的（很细的水管除外，因为那里面的水是片流的）。也就是说，液体在一定粗细的管子里的流动速度达到某个特定的大小，即所谓的临界流速△时，就会发生涡流现象。

我们如果让一种透明的液体流经玻璃管，并在液体里放上如石松子粉这样很轻的粉末，那么用肉眼就可以观察到管子里液

1 任何液体的临界流速都与液体的黏度成正比，与液体的密度和管道内径成反比。

体的涡流。也就是说，此时我们可以清楚地看到液体从管壁流向管轴的涡流现象。

冷藏器和冷却器的制作都利用了涡流的这一特点。在管壁冷却的管子里，有涡流的液体会使它的所有分子都接触到冷却的管壁，而且效率要比没有涡流的液体高。要知道，液体自身是热的不良导体，如果不进行搅拌，那它们冷却或增温都会很缓慢。血液在流经各个组织时能如此快速地进行热量和物质交换，就是因为它在血管里进行的是涡流而不是片流。

以上所述液体在管子里流动的现象，对于露天的沟渠和河床也同样适用：沟里和河里的水也是涡流前进的。在进行精确的河流测量时，仪器会出现脉动现象，而且越靠近河底越明显：脉动现象表明，水流在不断地改变运动方向，也就是在涡流。河水沿着河床前进的同时，还从河岸流向河中央。所以说河流深处的水温常年都是4℃的观点是不对的：因为在靠近河底的地方，水也总是被搅和着，所以这里的水温和河面应当是一样的（这里需要注意，湖水的情况不一样）。此外，河底的涡流还会带动河沙，于是河底就出现了"沙波"。在波浪所能到达的海滩上也

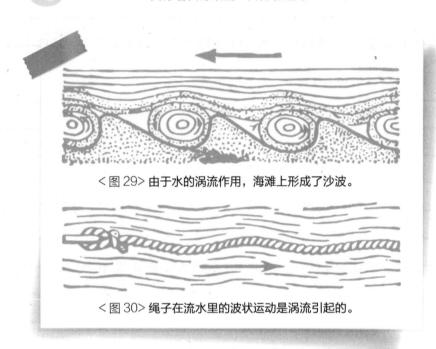

<图29> 由于水的涡流作用，海滩上形成了沙波。

<图30> 绳子在流水里的波状运动是涡流引起的。

能看到这样的沙波（图29）。如果靠近河底的水流是平稳的，那么河底的沙面也便是平滑的了。

　　这么说来，物体被水淹过的话，其表面就会形成涡流状。顺水放置的绳子（一头被系住固定，另一头可自由活动）会呈现蛇形便足以说明这一点。这是为什么呢？因为在绳子的某一段附近出现涡流时，绳子就会随着涡流运动；下一刻，另一个涡流又使绳子发生了相反的运动。最终，绳子就形成了蛇形运动（图30）。

　　下面我们将从液体转到气体，从水转到空气。大家一定见过旋风把地上的尘土和稻草卷入空中吧？这就是地面出现涡流的情况。当空气沿着水面运动时，空气的压力在形成旋风的地方会减小，水就会上升，形成波浪。基于同样的原因，沙漠和沙丘的斜坡上形成了沙坡（图31）。

<图31>沙漠里的波状沙面

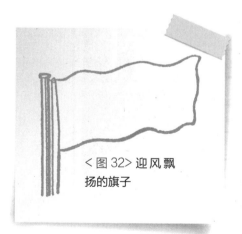

<图32>迎风飘扬的旗子

现在，为什么旗子会在风中飘动也就很好理解了（图32）：旗子遇到的情况和绳子在流水里遇到的情况类似。风信旗的硬片在风中难以保持固定的方向，而只能随着涡流摆

动。从工厂烟囱里冒出的烟是一团一团的，也是基于同样的原因：炉子里的气流通过烟囱时也是作涡流运动。烟从烟囱里冒出后，由于惯性仍保持原来的运动状态（图33）。

<图 33> 从工厂烟囱里冒出的一团一团的烟

　　风吹过屋顶时会出现什么现象呢？空气的涡流会使屋顶上方形成一个空气稀薄的区域，为了平衡这个压力，屋顶下方的空气就向上压，将屋顶掀起。于是人们常常会看到这样的惨象：那些钉得不牢固的屋顶被风刮走了。同样地，风会将大玻璃窗从里向外（而不是从外向里）压碎。当然，这些现象也可以用运动着的空气中压力减小的原理来解释△。

　　当温度和湿度都不同的两个气团相互挨着流过时，每个气团里面都会发生涡流。云彩会有千变万化的形状也是基于这个原因。

　　可见，和涡流有关的现象竟然这么多，而且范围如此之广。

△1

　　在气体和液体中，流速越大的位置，压强越小。这个定律叫伯努利原理，由瑞士数学家、物理学家丹尼尔·伯努利于 1726 年提出。

——译者注

放在冰上，还是放在冰下

我们在烧水时，一定会把水壶放在火焰的上面，而不是放在火焰的侧面。这是非常正确的做法，因为给火焰烧热了的空气会变轻，从而上升△，也就是绕着水壶的四周向上方流动。

因此，我们把水壶坐在火上加热，可以更充分地利用火焰的热量。

反过来，我们如果想用冰来冷却一个什么东西，这时候该怎么做呢？

许多人会习惯性地把需要冷却的物品放到冰的上面，比如将一罐热牛奶放到冰上面。这样做其实是不合理的，因为冰上面的空气受冷后会下沉，其原来的位置便会被四周的热空气占据。你从中可以得出一个十分实际的结论：你如果想冷却饮料或者食物，就应该把它放在冰块的下面，而不是放在冰块的上面。

下面我们来详细解释一下这个问题。

假如把一只盛水的容器放在冰的上面，那么受到冷却的就只有容器底部的水，因为容器的其他部分仍旧处于未被冷却的空气中。反之，假如把冰块放在容器的上面，那么容器里的水就会更快冷却。因为上层的水冷却后会向下流动，而下层较暖的水就会升上来，这样不停地对流，直到整个容器中的水全部冷却为止²。另一方面，冰块周围的冷空气也会下沉，绕着容器的四周向下方流动。

1 因为热胀冷缩，气体受热后质量不变、体积膨胀，因此热空气的密度变小。再根据浮力定律，热空气比周围的空气密度小（体积相同的前提下，密度越小的物体越轻），因此受到向上的浮力大于向下的重力，就会上升。冷空气正好相反，是下沉的。

——译者注

2 纯净水在4℃时密度最大，因此冷却后达到的最低温度通常是4℃，而不是0℃。当然，在实际生活中我们也不需要非得把水冷却到0℃。

棉衣会给人温暖吗

　　如果有人一定要说服你，使你相信"棉衣根本不会给人温暖"，你会怎么想？你会以为这是在说笑话吧？但如果他用一系列的实验来证实这一点呢？比如，你可以做一做下面这个实验。取一支温度计，记录下它所显示的温度，然后用棉衣把它裹起来。几小时后，把温度计拿出来。你会发现，温度计上显示的温度一点也没有升高：之前是多少摄氏度，现在还是多少摄氏度。这就是棉衣不会给人温暖的一个证明。你甚至会怀疑，棉衣可以将一个物体冷却。准备两盆冰，一盆用棉衣包裹起来，另一盆直接放在桌子上，等桌子上的那盆冰融化后，展开棉衣，你将看到，棉衣里的冰几乎还没开始融化。因此，棉衣非但不会把冰加热，反而会使冰的融化速度变慢⚠。

　　你可还有话要说吗？你能推翻这个结论吗？推翻不

> ⚠①　实验证明，棉衣并不能将一个物体冷却，而只是起到保温的作用。
>
> ——译者注

了。棉衣确实不会给人温暖，不会给予穿棉衣的人热量。灯泡、炉子以及人体都可以给人温暖，因为它们都是热源。但棉衣，是完全不会给人温暖的。因为棉衣不会把自身的热量传递给我们，而只会阻碍我们身体的热量向外散失。恒温动物的身体就是一个热源，他们穿上棉衣会感到温暖，也正是基于这个原因。至于温度计，它自身并不会产生热量，所以就算用棉衣把它裹起来，它的温度也不会变。而冰呢，把它裹在棉衣里能够使它更长久地保持原来的低温，因为棉衣是一种热的不良导体，大大减缓了空气中的热量向冰盆内传递。

同理，冬天的积雪也会像棉衣一样保持大地的温度。雪同其他粉末状物体一样，是热的不良导体，因此能够阻碍它所覆盖的地面向外散热。用温度计测量的话你会发现，有雪覆盖的土壤的温度比没有雪覆盖的土壤的温度高10℃左右。

综上所述，对于"棉衣会给人温暖吗"这个问题，正确答案是：棉衣只会帮助人们给自己温暖。更准确地说，是我们给了棉衣温暖，而不是棉衣给了我们温暖。

为什么有风的时候会更冷

众所周知，同样的严寒，无风的时候要比有风的时候容易忍耐。但并不是所有的人都知道原因。只有生物才能体会有风时的寒冷。假如让风对着温度计吹，它的水银柱根本不会下降。人们之所以在有风的寒冷天气里会觉得格外冷，首先是因为这时候脸部（一般情况下是从全身）散失的热量比无风的时候多得多。无风时，被身体温暖了的空气不会那么快就被新的冷空气替换。但是风刮得越大，每分钟同皮肤接触的新空气就越多。这样的话，我们身上散失的热量也就会越多。这就足够让我们感到寒冷了。

另外，还有一个原因。我们的皮肤时时刻刻都在蒸发水分，即使在冷空气里也不例外。蒸发需要吸收热量，它会带走我们身体以及身体周围那一层空气的热量。空气静止不动的话，蒸发就很缓慢，因为紧贴皮肤的空气层中的水蒸气很快就会达到饱和（如果空气中水蒸气含量达到饱和，那么水便不会蒸发了）。但是空气在流动的话，紧贴皮肤的那层空气始终是新的，那么蒸发就会持续进行下去，这样就会不断地带走我们身体的热量。

风的冷却作用有多大取决于风速和空气的温度，一般来说要远远大于我们的想象。举个例子，现在空气的温度是4℃，假如此时无风，我们皮肤的温度大概是31℃；假如此时有一点微风，能吹动旗子但不能吹动树叶（风速是2米/秒），那我们皮肤的温度就会下降7℃；假如此时的风能够使旗子飘扬（风速是6米/秒），那我们皮肤的温度就会下降9℃，变成22℃了。

所以说，判断我们对冷的感受程度，不能只考虑温度，还要注意风速的影响。在同样的寒冷天气里，莫斯科人会比圣彼得堡人觉得更容易忍耐一些，因为波罗的海沿岸的风速是5~6米/秒，而莫斯科的风速是4.5米/秒。此外，后贝加尔边疆区的平均风速只有1.3米/秒，因此那里的寒冷也更容易忍耐。东西伯利亚虽以寒冷著称，但实际上并不如我们想象的那样难以忍耐，因为那里基本上是没有风的，尤其在冬季。

冷水瓶

　　说起这种水瓶，大家即使没见过，也应该听说过或者在书里读到过。它是用没有烧过的黏土做的，具备一种有趣的性能：能使瓶里的水变得比周围的物体凉一些。南方的很多民族都在用这种水瓶，因此它的名字也五花八门，在西班牙叫"阿里卡拉查"，在埃及叫"戈乌拉"，等等。

　　这种水瓶制冷的秘密其实很简单：瓶里的水透过黏土壁渗到外面后会逐渐蒸发，带走容器和水的一部分热量。不过，它的制冷作用并不显著。因为这取决于很多条件。空气越热，渗到瓶外的水就蒸发得越快，瓶里的水也就会越凉。周围空气的湿度也有很大的影响：空气中的水分越多，蒸发就越慢，瓶里的水也就不容易变凉；反之，空气非常干燥的话，蒸发就会比较快，水瓶的制冷作用也就更显著些。风也可以加速蒸发，有助于制冷。这一点很好证明：你如果在温暖有风的日子里穿一件湿衣服，就会觉得非常凉快。冷水瓶里的水，温度下降幅度不会超过5℃。在南方炎热的天气里，当温度计指示着33℃时，冷水瓶里的水温大概是28℃，和温水浴池里的水温是一样的。可见，这种制冷作用其实很有限。但是这种冷水瓶能使冷水保持冰冷状态而不变热，这也是它的主要用途。

我们不妨计算一下这种冷水瓶里的水可以冷却到什么程度。假设我们有一个5升容量的冷水瓶，并且已有0.1升（100克）的水蒸发了。在33℃的大热天里，蒸发1克水需要约580卡$^{\triangle}$的热量。冷水瓶里的水蒸发了0.1升，也就是消耗了58千卡的热量。假如所耗热量全部来自瓶里的水，其温度就会降低$\frac{58}{5}$，即大约12℃。但是，蒸发吸收的大部分热量来自瓶壁及周围的空气；另外，瓶里的水在冷却的同时又从瓶外的热空气里获得热量而变热。因此，冷水瓶里的水所降的温度不到上述数据的一半。

冷水瓶的制冷作用是在阳光下更好，还是在阴影下更好，这还真不好说。太阳加快蒸发的同时，也会加强热传递。最有效的方法也许是把冷水瓶放在微风中的阴影下。

1 卡（卡路里）：热量的非法定计量单位，其定义为在1个标准大气压下，将1克纯水提升1℃所需要的热量。

——译者注

我们能承受多高的温度

人的抗热能力要比我们想象的强得多。南方国家的人所能承受的温度，也要比我们住在温带的人认为的高得多。在大洋洲中部，夏天阴影下的温度也常常高达46℃，有时甚至达到55℃。当轮船从红海驶入波斯湾的时候，即使船舱里的通风设备一直开着，温度依然能达到50℃甚至更高。

地球上出现的最高气温将近57℃。这个气温是在美国加利福尼亚州的"死亡谷"测得的。苏联最热的地方是中亚，那里的气温从未超过50℃。

上面提到的气温皆在阴影处测得。那我就顺便说一下，为什么气象学家喜欢在阴影处而不是阳光下测量气温。原因就是，只有把温度计放在阴影处，才能测出空气的温度。如果把温度计放在阳光下，它会被太阳晒得比周围空气热很多，那它所指示的自然就不是周围空气的温度了。所以，把温度计放在阳光下测量气温是毫无意义的。

　　有人已经通过实验测出了人体能承受的最高温度。实验表明，在干燥的空气里，如果人体周围的空气温度是很缓慢地增高的，那么人不但能承受100℃（沸水）的温度，甚至还能承受160℃的高温。英国物理学家布拉格顿和钦特里为了实验，曾在面包房烧热的炉子里待了几个小时。丁达尔也说过："即使房间里的温度足以烤熟鸡蛋和牛排，人待在里面也不会有事。"

　　怎么解释人的这种抗热能力呢？原因在于，人体其实并未吸收这样的高温，而是始终保持着接近正常体温的温度。人的机体会通过出汗来抵抗高温。汗水蒸发时会从紧贴皮肤的那层空气中吸收大量的热量，从而使这层空气的温度大大降低。不过人体能够承受高温必须满足以下条件：人体不能直接接触热源，并且空气必须是干燥的。

　　去过中亚的人都清楚，那里37℃的高温实际上也不难忍受。而圣彼得堡呢，24℃的温度就让人觉得难受了。这是因为圣彼得堡的空气湿度大；而中亚是非常干燥的，那里极少下雨。

如何用冰来取火

其实，我们可以用冰块来做一个透镜，然后用它来取火，只要这个透镜足够透明就行。

在儒勒·凡尔纳的小说《哈特拉斯船长历险记》中，冰制的透镜帮了大忙。当探险家们丢失了打火器，并且在 $-48\,°C$ 的极寒天气里得不到火的时候，克劳波尼医生正是用上述方法燃起了火堆。

"真是太不幸了！"哈特拉斯对医生说。

"是啊！"医生回答。

"哪怕有个望远镜也好啊，这样我们就可以拿下透镜来取火了。"

"可不是嘛！"医生说道，"这简直太遗憾了，我们竟然没有带这个玩意儿。阳光还是挺强烈的，有透镜的话肯定可以点燃火绒。"

"没办法，我们只能生吃熊肉了。"

"是的，"医生沉思着说，"必要时也只能如此。不过我们是不是可以……"

"你有办法了？"哈特拉斯一脸好奇。

"只是一个想法。"

"一个想法？"水手长大声叫道，"你只要有了想法，我们就离得救不远了！"

"还不知道行不行呢？"医生犹豫地说道。

"到底是个什么法子？"哈特拉斯问。

"我们不是没有透镜吗？可以尝试制造一个。"

"怎么制造？"水手长饶有兴致地问道。

"用冰块来制造。"

"你真的要……"

"为什么不呢？我们的目的是使阳光聚集到一点，这样的话，用冰块跟用顶好的水晶也并没有什么区别。不过，我得找一块淡水结的冰，因为它相对来说更加结实，也更加透明。"

"我要是没看错的话，那块冰！"水手长指着百步外的大冰块说，"从色泽上判断，它应当是你需要的那种。"

"没错！快带上斧头过去吧，朋友们。"

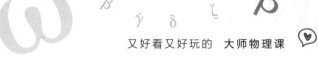

三人径直朝那块冰走去。果然，这是一块淡水结的冰。

医生让人砍下一大块冰来，直径足有1英尺（1英尺=0.3048米）。他们先用斧头把它剔平，再用小刀精修，最后用手把它磨光，就这样制成了一个晶莹剔透的透镜，像是用顶好的水晶制成的一样。此时太阳还很明亮。医生用这个冰透镜把阳光聚焦在火绒上。不一会儿，火绒就燃了起来。

儒勒·凡尔纳所描述的这一情节并非毫无根据的幻想。用冰制的透镜来点燃木料，早在1763年英国人就实验成功了，当时用的是一块非常大的冰透镜。之后，人们又陆续做过很多次这样的实验，都

<图34> 医生把阳光聚焦在火绒上。

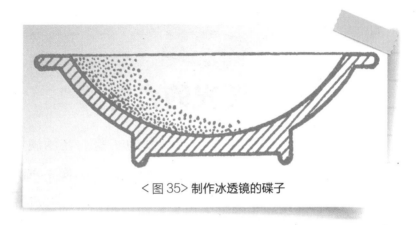

<图 35> 制作冰透镜的碟子

成功了。但是不得不说，仅凭斧头、小刀和手（还是在－48℃的极寒天气！）就想制成一个冰透镜，难度还是很大的。当然，也有简单的方法：如图35所示，把水倒进一只形状适当的碟子里，使其结冰，然后稍微热一下碟子，就可以把做好的透镜取出来了。

这项实验，必须在晴朗而寒冷的天气里做，并且要露天做，不能在房间里隔着玻璃做，因为太阳光里的大部分热能会被玻璃吸收掉，余下的那部分热能大概率是不够引起燃烧的。

借助阳光的力量

我们再来做一项在冬天很容易做的实验。在洒满阳光的雪地里，放一黑一白两块大小一样的布。一两个小时后你再去看，发现黑布陷进了雪里，而白布仍平铺在雪面上。这种区别很好解释：黑布吸收了太阳光的大部分热能，因此它下面的雪融化得比较快；白布把大部分太阳光反射回去了，因此它吸收的热能要比黑布少得多。

关于这项有趣的实验，美国物理学家富兰克林曾这样描述道："我从裁缝那里拿了几块不同颜色的方布，有黑色的、深蓝色的、浅蓝色的、绿色的、紫色的、红色的、白色的等等。在一个晴朗的早晨，我把这些布分散着放到了雪地上。几个小时以后，吸热最多的那块黑布深陷进雪里，以至太阳光都照射不到了；深蓝色布也陷进雪里，跟黑布差不多；浅蓝色布陷得比较浅；其余的布，颜色越浅陷得也越浅；而白布仍平铺在雪面上，几乎一点也没有陷下去。"

　　对于这个结果，富兰克林感慨道："一个理论，如果不能给人以帮助，那还有什么意义呢？通过这项实验，我们是不是可以得出以下结论：热天里穿黑衣服不如穿白衣服合适，因为黑衣服在太阳底下会使我们的身体接收更多的热量，再加上我们运动时也会产生热量，这样我们的身体难道不会觉得太热吗？人们在夏天难道不应该戴白帽子，以免中暑吗？……另外，涂黑的墙壁难道不能在白天吸收太阳的热量，以便在夜里仍保有一定的热量，使屋里的水果不被冻坏吗？难道细心观察的人不能从中发现更多有价值的问题吗？"

　　上述结论和应用究竟有何意义？1903年"高斯号"轮船到南极探险的故事或许可以给你答案。这艘轮船被封冻在冰里，船员们用尽各种办法都无法使其脱困。炸药和锯子也只打开几百立方米的冰，轮船仍不能自由活动。后来，船员们只好尝试着请阳光来帮忙：从轮船边到最近的一块裂冰，他们用黑灰和煤屑铺了一条2千米长、10米宽的"大道"。当时正值夏天，连续好几天都是大晴天。于是，阳光做到了连炸药和锯子都做不到的事情。冰慢慢地融化，那条黑色"大道"裂开了，轮船就此摆脱了冰的禁锢。

如何高效利用太阳能

利用太阳能来烧热蒸汽机的锅炉，这种想法可谓极具吸引力。

在日地平均距离上，大气顶界垂直于太阳光线的每平方厘米面积上每分钟接受的太阳辐射，是可以精确测量出来的。这是一个相对稳定的常数，被称为"太阳常数"。

"太阳常数"的数值约为每平方厘米每分钟2卡。

不过，太阳的这份热量并不能完全到达地球表面，每2卡的热量中约有半卡会被大气吸收。所以在阳光直射下，地球表面每平方厘米每分钟获得的热量约为1.4卡，那么每平方米每分钟就可以获得约14000卡（14千卡）的热量，而每平方米每秒钟则可以获得约0.25千卡的热量。由于1卡约等于4.18焦△，所以太阳光每秒钟垂直射到1平方米的地面上可以提供约1千焦的能。

只有当太阳光垂直射在地面上且100%转化为功时，太阳辐射才能做这么多的功。然而，目前已经实现了的那些直接利用太阳能做动力的尝试，都远远达不到这种理想的条件，它们的效率还不到6%。也就是最近才有了几种功效较好的太阳能发动机，其效率达到了15%[2]。

利用太阳能来做机械工作可能比较难，但是利用太阳能来进行加热还是比较容易的。比如太阳能热水器，就是目前应用最广泛且热效率很高的一种太阳能装置，它能为家庭、澡堂、旅馆、工厂等场所提供热水。夏天，太阳能热水器的水温通常有50℃~60℃。而且这种装置构造简单、成本低廉，在北纬45°到南纬45°之间的城乡地区都非常适用，因为这一区域的日照时间每年都在2000小时以上。保守地

[1] 焦是焦耳的简称，国际单位制中功、热量和能量的单位，为纪念英国物理学家焦耳而命名。卡路里和焦耳的关系是：1卡路里＝4.186焦耳。由于时代原因，原文中的数据与现在的有出入，均遵照原著，未作修改。

——译者注

[2] 此处所说"最近"指20世纪初期。现在研制的太阳能发动机理论有效效率可提升至42%，但目前还处于研究阶段。

——译者注

<图 36> 安装在屋顶上的太阳能热水器

说，现在全世界有几百万台太阳能热水器在工作（图36）。

此外，还有利用太阳能来蒸煮食物的太阳灶，以及用来干燥农副产品的太阳能干燥机。在广大农村地区，尤其是燃料匮乏的地方，太阳能具有巨大的应用潜力。

在一些干旱的沿海、海岛地区，以及内陆咸水地区，人们还利用太阳能蒸馏器来制取淡水。

另外，在现代建筑设计中，工程师们正在考虑利用太阳能为建筑供暖和制冷。

如何包装易碎物品

如图37所示，我们在包装易碎物品时，通常要在物品周围放一些稻草、刨花、纸屑等垫料。至于为什么放这些垫料，相信读者们也都知道——是为了防止物品被震碎。那么，这些垫料为什么可以防止物品被震碎呢？你也许会说：因为这些垫料"减缓"了物品在震动过程中的相互碰撞。这个回答相当于复述了一遍刚才的问题，并没有说出这个减缓碰撞作用的原因。

实际上有两个原因。

首先是因为放置垫料可以增大易碎物品之间的接触面积。比如，具有尖锐棱角的物品，在它和另一件物品之间放置垫料，就可以把点或线的接触变成面的接触。这样就可以

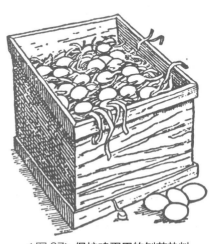

< 图 37> 保护鸡蛋用的刨花垫料

使力作用在一个较大的面积上，那物品所承受的压力就会小很多。

还有一个原因是物品受到震动时才会体现出来的。比如，一个箱子里装着餐具。当箱子受到震动时，里面的每一件物品都会发生运动。这时，物品由于运动而具有的能量就会消耗在彼此的挤压和碰撞上，从而导致它们破碎。因为这个能量只能在有限的路程上消耗掉，所以产生了非常大的挤压力。只有这样，力与距离的乘积（Fs）才会等于所消耗的能量。

现在，你明白为什么要放置这些柔软的垫料了吧：它们使力作用的路程（s）变长了，这样挤压力（F）就会相应地减弱。如果没有这些垫料，这个路程就会很短。比如玻璃和鸡蛋只能承受几十分之一毫米的挤压程度，否则就会破碎。填充在易碎物品之间的稻草、刨花、纸屑等垫料，可以把力作用的路程延长几十倍，相应地，物品受到的力便减小到原来的几十分之一。

能量从哪里来

在非洲地区，捕猎器的应用非常广泛。如图38所示，大象只要碰到那根斜拉绳，捕兽器上的木头就会竖直下落，扎在它的背上。图39的装置更加巧妙，野兽只要碰到绳子，弓上的箭就会发射出去，刺进它的身体。

这类装置可以捕猎野兽，那它们所具有的能量是从哪里来的呢？很明显，来源于布置装置的人的能量。在图38中，木头从高处落下时所做的功恰好等于人把它举到这个高度时所做的功。在图39中，弓把箭射出去时所做的功

<图38> 非洲丛林中捕象的装置

<图39>非洲丛林中猎兽的弓箭装置

恰好等于人把它拉到这个程度时所做的功。这样的话，捕猎野兽只是把储存在装置中的势能[△]释放出来而已。想再次使用装置，人就得重新做功使它恢复图中的样子。

下面这则故事里的装置，情形却有些不同。如图40所示，熊看到树上的蜂窝便爬上去摘。但是当它爬到一半时，一根悬着的木头挡住了它的去路。于是，熊推了一下木头，结果被推开的木头很快又落回原位置，还撞了熊一下。愤怒的熊又用力地推了一下木头，结果木头还是荡出

> **1** 　　势能：在地球表面附近与高度相关的能叫作重力势能，物体的质量越大、位置越高，重力势能就越大；物体由于发生弹性形变而具有的能叫作弹性势能，物体的弹性形变越大，弹性势能就越大。
>
> 　　　　　　　　　　　　　　　——译者注

去又落回来，并且重击了熊的后背。熊变得狂躁起来，更用力地推开木头，结果木头把它打得更重了。经过一番较量，熊被折腾得筋疲力尽，终于从树上摔下来，被树下尖锐的木橛扎伤了。故事中的装置确实很巧妙，可以反复使用而无须重新布置。把第一只熊打下去后，它可以继续把爬上来的第二只熊打下去，然后是第三只、第四只……你可能要问，把熊打下来的能量是从哪里来的呢？

这个装置所做的功，实际上都来源于熊自身的能量。也就是说，熊是自己把自己打下树并跌落到尖锐的木橛上的。当熊推开悬着的木头而使其向上荡起时，肌肉的能量便转化成重力势能。接着，木头落下来，重力势能又转化成动能。同理，熊爬到树上也是把一部分肌肉的能量转化成了重力势能。后来熊跌落到尖锐的木橛上，这个重力势能又转化成了动能。所以说，熊是自己把自己打下树并跌落到尖锐的木橛上的。这只熊越是强壮凶猛，被木头打得就越重，最后伤得也就越重。

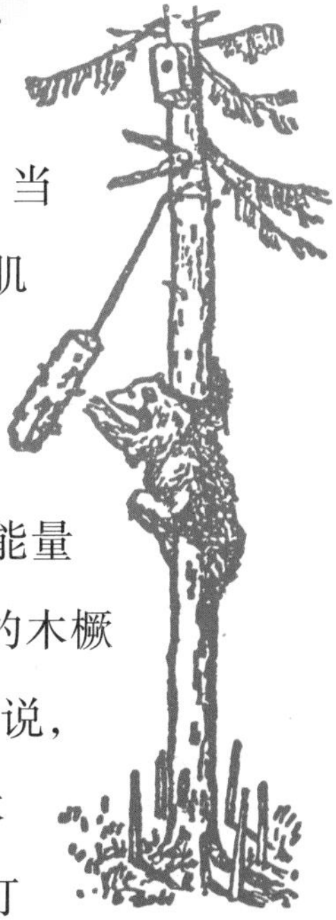

<图 40> 熊在与悬垂的木头较量。

自动机械真的能"自动"吗

测步仪是一种很小巧的仪器，不知道大家有没有听说过。它看上去就像一只怀表——样子和大小都差不多，把它放在口袋里，它就能自动计算你行走的步数。图41所示的就是测步仪的表盘及内部结构。这个机械最主要的部分是重锤B，它固定在杠杆AB的一端，而这个杠杆AB可以绕轴A旋转。平时，重锤B由于一根软弹簧的阻挡而停留在仪器的上半部。走路时，人每走一步，身体都会略微提升再落下，口袋里的测步仪也会跟着上下起伏。但是由于惯性⚠，重锤B并不能马上随着仪器升起，它会克服软弹簧的弹力，到达仪器的下半部。同理，当测步仪向下落时，重锤B会朝上方移动。

因此，人每走一步，杠杆AB就一上一下摆动两次。杠杆AB的摆动会推动齿轮运动，再带动表盘上的指针旋转，

⚠ 1 惯性：一切物体都有保持原来运动状态不变的性质，我们把这种性质叫作惯性。

——译者注

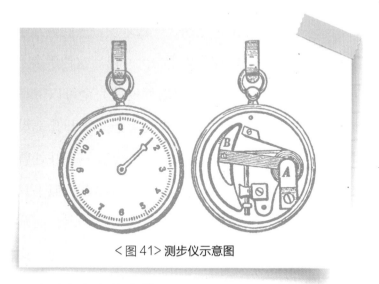

<图 41> 测步仪示意图

从而记录下这个人的步数。

如果有人问：测步仪的动力从哪里来？你可以非常肯定地回答他：是人的肌肉在做功。是的，千真万确。也许有人会觉得，对行走者而言，除了走路消耗的能量，根本不用再消耗能量就可以使这个机械运转。然而，这个观点是不正确的。对于带着它走路的人来说，还是要多花一点力气的，除克服它本身的重力而将它抬到一定的高度外，还要克服阻碍重锤B运动的软弹簧的弹力。

说到这种测步仪，我又不禁想起另一种仪器——由佩戴者的日常动作带动的手表。这种手表并不罕见。人们根本不用手动给它上发条，只需把它戴在手腕上，就可以通

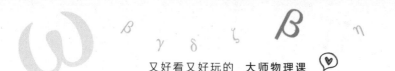

过手臂的活动来给它上紧发条。一般来说，人们戴几个小时后发条就能上紧，足以使手表走一天一夜。这种手表上发条的方法很简便，发条上到一定的程度就完全可以保证它的走时精度。此外，这种手表的表壳上连一个开孔都没有，不用担心灰尘和水会进入手表内部。还有一个好处就是，你根本不用想什么时候给它上发条。看起来，似乎只有钳工、裁缝、钢琴家或打字员适合佩戴这种手表，而脑力劳动者则不适合佩戴。然而，这种想法是不正确的。这种手表往往只需细微的脉动就能被带动起来。就算只活动了两三下，也足够使重锤带动发条，让手表走上几个小时了。

　　这样的话，我们是否可以认为，这种手表不用消耗主人能量就能一直走下去？这种想法是错误的。跟需要手动上紧发条的普通手表一样，这种手表也需要人的肌肉的能量。佩戴这种手表时，你通过手臂动作所做的功要比你佩戴普通手表时大一些。道理同上文所讲的测步仪一样，克服弹簧的弹力做功会消耗佩戴者的一部分能量。

　　严格来说，上述两种装置都不是自动机械，它们虽然不需要人"专门照料"，但是仍需要人的肌肉的力量来"上劲儿"。

又好看又好玩的

大师物理课

力与运动

［苏］别莱利曼 / 著

申哲宇 / 译

北京联合出版公司

Beijing United Publishing Co.,Ltd.

图书在版编目（CIP）数据

力与运动 / （苏）别莱利曼著；申哲宇译. — 北京：北京联合出版公司，2024.6

（又好看又好玩的大师物理课）

ISBN 978-7-5596-7588-0

Ⅰ．①力… Ⅱ．①别… ②申… Ⅲ．①物理学—青少年读物 Ⅳ．①O4-49

中国国家版本馆CIP数据核字（2024）第077828号

又好看又好玩的 大师物理课 力与运动

YOU HAOKAN YOU HAOWAN DE DASHI WULIKE　LI YU YUNDONG

作　　者：［苏］别莱利曼

译　　者：申哲宇

出品人：赵红仕

责任编辑：徐　樟

封面设计：赵天飞

北京联合出版公司出版

（北京市西城区德外大街83号楼9层　100088）

水印书香（唐山）印刷有限公司印刷　新华书店经销

字数300千字　875毫米×1255毫米　1/32　15印张

2024年6月第1版　2024年6月第1次印刷

ISBN 978-7-5596-7588-0

定价：98.00元（全5册）

CONTENTS
目 录

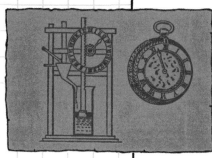

常识和力学

很多人习惯把静止和运动对立起来，就像把天和地、水和火对立起来一样。然而，这丝毫不影响他们在火车上过夜，他们也无须关心火车是处于静止状态，还是处于运行状态。但是在理论上，这些人又坚决不承认行驶的火车可以看作静止不动，而铁轨、大地和四周的景物可以看作在向反方向运动。

"火车司机根据常识来判断的话，会认同这种说法吗？"爱因斯坦在论述这一问题时说道，"司机会反驳说，他正在烧热和滑润的是机车，而不是四周的景物。因此，他工作的结果应该体现在机车上，也就是使火车运行。"

乍一听，这个论据好像很有力，几乎是顺理成章的。但假设这条铁轨是沿着赤道铺设的，而火车正在向西——与地球自转相反的方向行驶。这时候，四周的景物就会从火车的对面疾驰而来。而燃料所干的活儿只能使火车不跟着四周的景物往后退；更确切地说，是使火车始终以比四周的景物慢一些的速度向东运动。司机不想让火车跟着地球自转的话，那就至少要使火车运行的速度达到地球自转的速度，也就是每小时 2000 千米的速度 ⚠。然而，司机找不到这样的机车，喷气式飞机才能达到这样的速度。

事实上，当火车匀速行驶时，根本无法确定火车与四周的景物究竟哪个是静止的，哪个是运动的。物质世界的构造便是如此，在任何一瞬间都无法绝对地回答这一问题：物体究竟处于静止状态还是匀速运动状态。我们能研究的只有物体与物体之间的相对的匀速运动 ⚠，因为观察者自身参与到某一个物体的匀速运动中去也不会影响被观察的现象和它的运动规律。

1 　地球赤道处自转线速度为 1670 千米／时。本书成书年代较早，部分数据较为陈旧，为尊重原著，均未作修改。

——译者注

2 　人们判断物体的运动和静止，总要选取某一物体作为标准。如果一个物体的位置相对于这个标准发生了变化，就说它是运动的；如果没有变化，就说它是静止的。这个作为标准的物体叫作参照物。

——译者注

02

怎样理解惯性定律

前面我们已经详细地了解了运动的相对性，现在我们可以对发生运动的原因——力——略加说明。首先，我们应当了解力的独立作用定律，即力对物体所起的作用，和物体是静止的还是由于惯性或者在其他力的作用下而运动的并无关系。

这是为经典力学奠定了基础的牛顿三大运动定律的第二定律的推论。牛顿第一定律是惯性定律，牛顿第三定律是关于作用力与反作用力的定律。

至于牛顿第二定律，我们在这里稍微展开论述一下：

速度的变化是用加速度来度量的，物体加速度的大小跟它受到的作用力成正比，加速度的方向跟作用力的方向相同。这个定律可以用以下公式表示：

$$F=m \cdot a$$

1 在质量的单位取千克（kg），加速度的单位取米每二次方秒（m/s²），力的单位取牛顿（N）时，牛顿第二定律才可以表述为 $F=m \cdot a$。

——译者注

3

其中，*F* 代表物体所受的力，*m* 代表物体的质量，*a* 代表物体的加速度。而在这三个量中，最难理解的是质量。人们时常把质量和重量搞混，但事实上它们是完全不同的两个概念。物体的质量可以根据它们在相同的力作用下所产生的加速度来进行比较。从上面的公式中可以看出，对于给定的力，物体的加速度越小，它的质量就越大。

虽然对于没学过物理学的人来说，惯性定律往往跟他们的习惯看法相反，但是在牛顿三大运动定律中，它却是最容易理解的一条△。很明显，有些人完全误解了这条定律。具体来说就是，人们习惯性地认为，惯性就是物体"在外来原因破坏它原有的状态前便一直保持它原有的状态"的性质。这个常见的说法将惯性定律理解成原因定律了，即没有原因的话，便什么也不会发生（任何物体都不会改变它原有的状态）。但是真正的惯性定律只讲到静

跟习惯看法相反的是，根据惯性定律，物体做匀速直线运动不需要力来维持。错误的看法是，物体既然在运动，就肯定有力作用在它身上，力消失了，这个运动就会停止。

止和匀速直线运动两种状态，并不是针对物体的一切物理状态而言的。其内容是：

一切物体总保持匀速直线运动状态或静止状态，除非作用在它上面的力迫使它改变这种状态。具体地说，每当物体：

1. 进入运动状态的时候；

2. 将原本的匀速直线运动变为非直线运动或原本就是在进行曲线运动的时候；

3. 运动变慢、变快或停止的时候——
我们都可以得出这样一个结论：这个物体受到了力的作用。

如果物体在运动的过程中并无上述情况发生，那么无论它的速度有多大，它都没有受到力的作用。切记，只要是做匀速直线运动的物体，就没有受到力的作用（或者它所受到的所有力都相互平衡）。而这一点，正是现代力学与古代以及中世纪（伽利略以前）思想家们在观念上的主要区别。从这里来说，惯常思维与科学思维还是存在巨大差别的。

以上的论述同时也告诉了我们，为什么固定不动的物体所受到的摩擦在力学上也被称为力，虽然它好像并不会

使物体发生运动。摩擦之所以被称为力，是因为它能阻碍物体运动。

这里我们再次强调，物体并非趋向于保持静止状态，而是最终处于静止状态了。这两者的区别就如同一个足不出户的人与一个只偶尔在家而经常有事外出的人的区别一样。物体本质上并不是"一个足不出户的人"，反而活动性极高，只要向一个自由物体施加哪怕一点点的力，它就会进入运动状态。

"物体趋向于保持静止状态"这一观点的不当之处还在于，物体一旦摆脱静止状态，就不会再自己回到静止状态上来，而是始终保持在力的作用下的运动状态（当然，这是在没有阻力的情况下）。

许多物理学和力学教科书里，都使用了"趋向于"这个不够严谨的词语，人们对惯性定律的误解正是源自这一点。想准确无误地理解牛顿第三定律也存在一些困难，下面一节我们就来讨论一下这个定律。

作用力与反作用力

　　你在开门的时候会朝自己的方向拉门把手。为了使门与你的身体接近，你手臂上的肌肉会收缩起来。门也会用同样的力量来使你的身体与它接近。很明显，这个时候在你的身体与门之间作用着两个力，一个是作用在门上的力，另一个是作用在你的身体上的力。如果这扇门不是朝你打开而是需要往前推开的，那么道理也一样：力会使门与你的身体分离。

　　这里我们所说的关于肌肉力量的情况，也适用于其他任何性质的力，无论它们的本质怎么样。**力是物体对物体的作用，而两个物体之间的作用是相互的**。形象地说，它具有两头（两个力）：一头作用在我们常说的受力物体上，另一头作用在所谓的施力物体上 ⚠️。

> ⚠️1
> 　　其实，两物体产生力的作用时，一个物体受到另一个物体的作用力，必定也要反作用于另一个物体。也就是说，一个物体既是施力物体，也是受力物体。
>
> 　　——译者注

在力学中，上述情况往往说得很简略，以至于使人觉得不好理解了，那就是"作用力等于反作用力"。

这个定律是说，力都是成对出现的。当一个力发生作用时，就势必存在另一个与之大小相等、方向相反的力。并且这两个力一定作用在两个点之间，使它们接近或分离。

<图1> 已知作用在氢气球坠子上的力有 P、Q、R，请问反作用力在哪里？

现在，我们来研究一下作用在氢气球坠子上的三个力 P、Q 和 R（图1）。P 代表氢气球的牵引力，Q 代表绳子的牵引力，R 代表坠子的重力。表面看来，这三个力都是独立存在的，但实际上它们每一个都有与之大小相等、方向相反的力。展开来讲，与力 P 作用相反的力施加在系氢气球的绳子上，并通过绳子传递到氢气球上（图2的力 P_1）；与力 Q 作用相反的力施加在人的手上（图2的力 Q_1）；与力 R 作用相反的力施加在地球上（图2的力 R_1），因为坠子受到地球吸引的同时，也在吸引地球。

还有一点需要注意，假设在一根绳子的两端各施加一个 1 千克力并向两边拉，那么绳子的张力是多少呢？这就好像在问，一张面值为 10 分的邮票价值是多少。答案就包含在问题当中：绳子的张力是 1 千克力。"绳子被两个 1 千克力向两边拉"与"绳子的张力是 1 千克力"，这两种说法其实是一个意思。原因在于，除了这两个作用方向相反的力构成

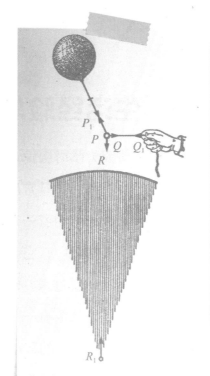

<图 2> 对上图问题的回答：反作用力是 P_1、Q_1、R_1。

的 1 千克力的张力，就再没有别的 1 千克力的张力了。忽略了这一点，就不免会犯低级性错误。

生活经验与科学知识

　　我们在研究力学时会惊奇地发现，一些非常简单的事情，它们的科学解释和日常感觉竟是天差地别的。比如在一个物体上永久地作用着一个不变的力，这个物体会怎样运动呢？根据"常识"，它会一直用相同的速度运动，也就是做匀速运动。反过来，假如一个物体在做匀速运动，我们就会习惯性地认为有一个不变的力不停地作用在这个物体上。大车、机车等的运动恰似证明了这一点。

　　然而力学告诉我们，根本不是这么一回事。一个固定不变的力不会使物体做匀速运动，而是使它做加速运动。因为这个力会在物体原来的速度上再不断地给它增加新的速度。物体做匀速运动时根本不受力的作用，否则它也不会匀速运动。日常生活中的观察真的错得这么离谱吗？

　　不，这些观察从某种意义上来说也不是完全错误的，它们只是在极有限的范围里会出现的现象罢了。日常生活中观察到的物体是在有摩擦和介质阻力的情况下运动的。

但力学定律所描述的都是自由运动的物体。在有摩擦的情况下，要使物体有一个固定不变的速度，就确实得向它施加一个固定不变的力，但这个力并不是用来维持物体的运动，而是用来克服运动时的阻力，也就是给物体创造可以自由运动的条件。因此在有摩擦的情况下，物体在一个固定不变的力的作用下做匀速运动是完全有可能的事情。

我们由此认识到了日常生活里的"力学"错在了哪里：它的结论是根据片面的材料推导出来的。科学的论断需要有宽阔的基础，科学的力学定律的得出不仅要观察机车的运动，也要观察行星和彗星的运动。要做出准确的论断，就要扩大观察的视野，将事实与有限范围内的现象区别开来。这样得到的知识才能解释现象的根源，从而有效地运用到实践当中去。

＜图 3＞火车匀速运动时，机车的牵引力克服了阻力。

站在体重秤上

请问在怎样的情况下，体重秤才能准确地称出人们的体重？

答案是，只有当你在体重秤上完全静止时，指针才会显示出最准确的体重。

如果你在体重秤上弯一下腰，在弯腰的时候你会看到，体重秤显示的质量会有所减少。这是怎么一回事呢？原来，肌肉在将上半身向下弯曲的同时，也会把下半身向上提，这样下半身对身体支撑点施加的压力就会减小。相反地，在你停止弯腰的那一刻，同样在肌肉的作用下，下半身对体重秤施加的压力变大，你会看到体重秤显示的质量增加得很明显。

如果这是一台灵敏度很高的体重秤，哪怕你只是抬抬手臂，体重秤都会显示你的体重稍微有所增加。这是由于人用肩作为支撑才能将手臂肌肉向上抬，抬手臂的动作会把肩以及躯干向下压，这样一来就会加大作用在体重秤上的压力。停止抬手臂时，肌肉就会反作用于肩头，将其向上提拉以接近手臂的末端，因此人的体重、人的身体对支撑点施加的压力就会随之变小了。

反过来，如果放下手臂，这个动作会使体重减小，而在动作停止的那一刻，体重又会增加。总之，在内部力量的作用下，我们能"增减"自己的体重。当然，与其说是体重，不如说是施加于支撑点的压力 △。

1 　　这里需要指出，体重指的是人的质量，而不是重量。质量和重量是完全不同的两个物理量：质量是物体惯性的量度，它是任何物体都固有的一种属性；重量则反映了物体所受重力的大小，它是受地球的吸引而引起的。重力和质量的关系可以用公式 $G=mg$ 表示，重力与质量的比值 $g=9.8N/kg$。体重秤实际上测的是压力，把压力视为重力，再按上述公式换算成质量，就是示数。

——译者注

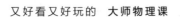

为什么尖锐的物体更容易刺入别的物体

你可曾想过这个问题——为什么尖锐的物体能很容易地刺入另一个物体？你可曾注意过这两种情况——针能轻松地刺穿纸片、纸板和布料，但是钝头的钉子用相同的力量很难刺穿这些物品。

上述两种情况中，虽然我们用了相同的力，但是产生的压强 △ 不一样。我们对针施加的力都集中在针尖上，对钝头钉施加的力却分布在较大的钉尖面积上，所以，在用力相等的情况下，针尖产生的压强要远远大于钝头钉产生的压强。

那么，用20齿的钉耙和60齿的钉耙松土，哪个钉耙入土更深？答案是20齿的钉耙，因为20齿的钉耙每个齿上分配到的力

1 在物理学中，物体所受压力的大小与受力面积之比叫作压强。如果用 p 表示压强、F 表示压力、S 表示物体的受力面积，那么 $p=\dfrac{F}{S}$。压强在数值上等于物体单位面积所受的压力。压强越大，压力产生的效果越明显。

——译者注

比 60 齿的钉耙大。

我们讨论压强的问题时，除了施加的力，还必须关注这个力作用的面积。就像我们说某个人的薪资是 1000 卢布，仅凭这点，我们还不能判断这个薪资水平的高低，我们还需要知道：这 1000 卢布是周薪、月薪，还是年薪？同样的道理，在判断力产生的效果时，我们还需要知道这个力作用在多大的面积上：是 1 平方厘米，还是 $\frac{1}{100}$ 平方毫米？

还有一个大家都熟悉的现象——在厚厚的、松软的雪地上，人如果穿着滑雪板，就能在雪地上轻松行进；如果不穿滑雪板，就会陷入雪里，寸步难行。这是为什么呢？原因在于，前一种情况，人体的压力被均匀地分散到面积较大的滑雪板上，人对地面的压强减小了；后一种情况，压力都集中在人的脚底，面积小而压强大，人就容易陷进雪里。假设滑雪板面积是我们脚掌面积的 20 倍，那么我们站在滑雪板上对雪地产生的压强，是我们直接站在雪地上的 $\frac{1}{20}$。因此，松软的雪地可以承受滑雪板的压力，却不能承受双脚的压力。

　　基于这个原理，当马在沼泽地行走时，人们会给它穿上特制的"靴子"来增加马蹄跟地面的接触面积，从而减小压强，这样马就不会陷入沼泽地了。当地的居民也是采用同样的方法在里面行走的。

　　人们在比较薄的冰面上前进时，通常会采用爬行的方式，目的也是加大与冰面的接触面积，分散重量。

　　此外，笨重的履带式拖拉机和坦克之所以能在松软的土地上行驶而不会陷进去，也是因为它们把重量分配到了更大的面积上。质量在 8 吨或 8 吨以上的履带车，作用在每平方厘米地面上的压力不超过 0.6 千克力。在沼泽地上，用这种履带车负载两吨重的货物，作用在每平方厘米地面上的压力只有 0.16 千克力。这就是这类车辆在沼泽、沙漠以及泥泞的地方都能正常行驶的原因。

　　综上所述，你便能明白尖锐的物体更容易刺入另一个物体的原因，即力分散在非常小的面积上。同理，锋利的刀比钝刀更容易切开东西，也是因为力集中在很小的区域上。

　　总而言之，尖锐的物体之所以更容易刺入、切开别的物体，是因为它们的尖端和锋刃产生的压强更大。

像巨鲸一样

为什么我们坐在粗糙的石凳上会感到不舒服，而坐在光滑的木椅上就很舒服？为什么我们躺在用很硬的棕丝编成的吊床上也会觉得很柔软？为什么我们躺在钢丝床上却不会觉得很硬？

其中的原因也不难猜到。粗糙的石凳表面凹凸不平，与身体的接触面积比较小，也就是说身体的全部重量都集中在这一小部分面积上；而光滑的木椅表面很平，与身体的接触面积比较大，同样的重量分散在比较大的面积上，压强就会小一些。

如此一来，所有的问题便都可以概括为一个问题——如何更均匀地分散压力？当我们躺在软绵绵的床褥上时，床褥会紧密贴合我们的身体曲线而凹陷下去，这时我们身体的重量就会非常均匀地分散在床褥上，每平方厘米的面积上仅仅承受了几克力的压力，因此我们躺在上面会感到非常舒适。

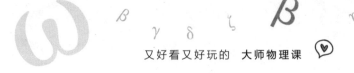
　　我们可以简单地用一组数据来表现其中的差异。一个成年人全身表面积大约为 2 平方米，也就是 20000 平方厘米。假设我们躺在软绵绵的床褥上时，身体与床褥的接触面积是体表面积的 $\frac{1}{4}$，即 0.5 平方米，也就是 5000 平方厘米，而我们的体重是 60 千克，也就是 60000 克，那么通过计算可知,每平方厘米的面积上只承受了 12 克力的压力。但是，如果我们躺在硬板床上，身体和硬床板的接触面积只有很少一部分，总共也就 100 平方厘米左右，这样的话，每平方厘米的面积上所承受的压力达到了 600 克力，而不是十几克力。这个差别还是非常大的，我们能明显地感觉出来，通俗点说，就是会感觉"硌得慌"。

　　假如我们能把压力分散到比较大的面积上去，那么哪怕我们躺在坚硬无比的床上，也不会觉得不舒服。我们不妨来做一个实验：首先，我们要躺在松软的黏土上面，印出身体的形状；然后小心地起身,等待黏土变干（一般来说，黏土的干燥收缩率在 5% 至 10% 之间，这里我们假定黏土干燥后没有收缩）。黏土变干后会像石头一样硬，并且保留着我们用身体做出的凹痕。接着，我们用先前的姿势躺上去，紧密贴合上面的凹痕。这时候我们会觉得自己好像躺在柔软的鸭绒被上，即使黏土已经变得像石头一样又干又硬，我们也丝毫不会感觉"硌得慌"。此时此刻的我们，就像罗蒙诺索夫 △ 在诗歌中所描写的那只深海巨鲸：

　　躺在坚硬的岩石上，

　　却丝毫感觉不到坚硬，

　　信念的力量多么强大，

　　只当它是一摊软泥。

　　我们不觉得变干的黏土床"硌得慌"，倒不是源于"信念的力量"，而是因为身体的重量被分散在了相当大的接触面积上。

1　　罗蒙诺索夫（1711—1765）：俄国唯物主义哲学与自然科学的奠基者，诗人。他提出了"质量守恒定律"的雏形——物质不灭定律，还创办了俄国第一个化学实验室和第一所大学——莫斯科罗蒙诺索夫国立大学。

——译者注

一个关于天鹅、大虾和梭鱼的问题

　　大家都听过"天鹅、大虾和梭鱼拉大车"的寓言，但是应该没什么人会从力学的角度去研究它。我们所做出的结论同这则寓言的作者克雷洛夫的完全不同。

　　我们看到的是力学上互成角度的几个力的合成问题。寓言里是这样描述力的方向的：

　　　　天鹅冲向云霄，

　　　　大虾往后面跳，

　　　　梭鱼朝水里钻。

　　如图 4 所示，第一个力是天鹅向上的拉力（OA），第二个力是梭鱼向一旁的拉力（OB），第三个力是大虾向后的拉力（OC）。但是，别忘了这里还有第四个力——货物竖直向下的重力。如寓言所说，货车还停留在原处。也就是说，作用在货物上的几个力的合力为零。

　　事实果真如此吗？我们一起看看吧。冲向云霄的天鹅，不仅不会妨碍大虾和梭鱼的工作，反而还助了它们一臂之力：天鹅的拉力与重力的方向相反，从而减小了车轮与地面、车轴之间的摩擦力，相当于减小了货车的重量，甚至完全抵消了货车的重量——

所以，货车是很轻的（寓言中提

<图4> 利用力学定律解决克雷洛夫关于天鹅、大虾和梭鱼的问题，货车会被合力（OD）拉入水中。

到，"对它们来说，货车似乎并不重"）。为了更好理解，我们假设货车的重力恰好被天鹅的拉力抵消了，这样就只剩下两个力：大虾的拉力和梭鱼的拉力。至于这两个力的方向，寓言中说"大虾往后面跳，梭鱼朝水里钻"。水自然不在货车的前方，而在它的某个侧面（克雷洛夫的几个拉车夫肯定不希望把货车拉进水里去）。这就表明，大虾和梭鱼的力是互成角度的。如果这两个力不在一条直线上，那它们的合力一定不为零。

根据平行四边形定则，以 *OB* 和 *OC* 为一组邻边画出一个平行四边形，平行四边形的对角线 *OD* 就代表合力的大小和方向。很明显，这个合力应该可以拉动货车，再加上货车的重力因天鹅的拉力而减小甚至消失了，因此它就更加容易被拉动了。

还有一个问题，货车朝哪个方向移动：前面、后面，还是一侧？这取决于各个分力的大小和所成的角度。

读者对力的合成和分解有一定经验的话，就能一眼看出：即使天鹅的拉力不能完全抵消货车的重量，货车也不可能停留在原地。只有当车轮同地面、车轴的摩擦力比这三个力的合力大时，货车才不会被拉动，但这不符合寓言的设定："对它们来说，货车似乎并不重。"

不管怎么说，克雷洛夫都不该一口咬定，"大车丝毫未动"，"大车至今还停留在原地"。不过，这则寓言的寓意也并未因此而发生改变。

和克雷洛夫的看法相反

上一节克雷洛夫的寓言告诉我们："同志之间若意见不统一，就什么也做不成。"但这在力学上不一定总是适用。几个方向不一样的力，还是可以产生一定的效果的。

很多人都不知道，克雷洛夫所称赞的模范工作者——蚂蚁，正是按照他所嘲笑的方式通力合作的。一般来说，它们的工作总能顺利进行，其原因也在于力的合成规律。仔细观察蚂蚁的工作状态，你很快就会发现，它们的"通力合作"只是假象——事实上，每只蚂蚁都在自顾自地干活儿，根本没想过要互帮互助。

下面是一位动物学家所描述的蚂蚁的工作方式：

假如几十只蚂蚁在一条平坦的路上拉一个庞然大物，那么所有的蚂蚁都在朝一处使劲儿，表面上看是在通力合作。但当这个庞然大物——比如一只毛毛虫——被一个障碍物（草根或者石子）挡住时，蚂蚁们便不能往前拉了，需要绕道而行。这个时候显而易见，每只蚂

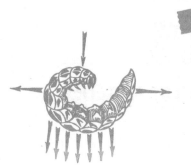

<图5> 蚂蚁是这样拖动毛毛虫的。

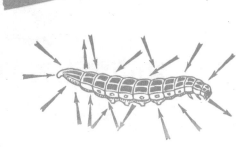

<图6> 蚂蚁是这样拖动捕获物的。箭头表示每只蚂蚁用力的方向。

蚁都在各顾各地拉，而不是齐心协力朝一个方向拉来越过障碍物（图5和图6）。一只蚂蚁往右边拉，另一只蚂蚁则往左边拉；一只蚂蚁往前面推，另一只蚂蚁则往后面拽。蚂蚁们咬着毛毛虫的身体，不断地变换着它的位置，但是每只蚂蚁都在按照自己的想法移动，往哪边拉的都有。于是就有可能出现这样的情形：四只蚂蚁拉着毛毛虫朝一个方向走，另外六只蚂蚁则朝另一个方向走，最终四只蚂蚁的力量抵不过六只蚂蚁的力量，这只毛毛虫就朝着六只蚂蚁的方向移动了。

还有一个例子（出自另一位研究员）可以证明蚂蚁之间的"虚假"合作。如图7所示，25只蚂蚁一起拖着一个长方形的奶酪。奶酪沿着箭头 A 所指的方向缓慢移动。按照我们的设想，前面一排的蚂蚁是在往前拉，后面一排的蚂蚁是在往前推，两边的蚂蚁则是在尽力协助前后排的蚂蚁。然而事实并非如此：当我们用小刀拨开后面那排蚂蚁时，奶酪向前移动得更快了！这下明白了吧，后排的 11 只蚂蚁并不是在往前推，而是在往后拽：每只蚂蚁都在竭尽全力地往后退，想把奶酪沿着这个方向拖到巢穴里去。这就是说，后排的蚂蚁不仅没有为前排的蚂蚁提供帮助，反而阻碍了它们，抵消了它们的一部分力量。本来几只蚂蚁就能合力拉动这块奶酪，但是由于行动不一致，竟然动用了 25 只蚂蚁才把这块奶酪拖回巢穴。

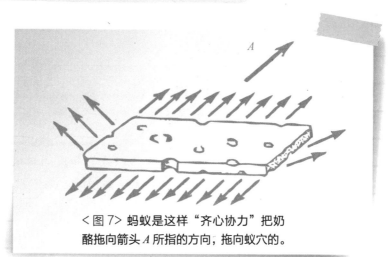

<图7> 蚂蚁是这样"齐心协力"把奶酪拖向箭头 A 所指的方向，拖向蚁穴的。

马克·吐温很早就注意到蚂蚁"通力合作"的特点。他曾讲过两只蚂蚁的故事，它们幸运地找到了一条蚱蜢腿。他说："两只蚂蚁各自咬住蚱蜢腿的一端，竭尽全力朝两边拉。它们都觉得不大对头，但也没搞明白是怎么一回事。于是它们争吵起来，随后又打了起来……过了一会儿，它们和解了，重新开始这个毫无意义的'通力合作'的工作。不过，其中一只蚂蚁在打架中受了伤，成了累赘。它不愿放弃这个捕获物，就索性挂在上面，那只健壮的蚂蚁不得不花费更大的力气才把捕获物连同受伤的同伴一起拖回巢穴。"

　　马克·吐温非常幽默地提出了一个完全正确的意见："只有在毫无经验而只会说不可靠的结论的自然科学家眼里，蚂蚁才是模范的工作者。"

① 马克·吐温（1835—1910）：美国作家，代表作品有小说《百万英镑》《哈克贝利·费恩历险记》《汤姆·索亚历险记》等。其作品以方言和民间口语写活生生的现实，开辟了新的现实主义道路。

——译者注

蛋壳易碎吗

　　果戈理的长篇小说《死魂灵》里面有一个叫基法·莫基耶维奇的人，他总是在思考各种各样的哲学问题，其中就有这样一个问题："呃……如果大象也是卵生动物，那它的蛋壳该有多厚啊，估计用炮弹都打不穿吧！嗯……或许我们该发明一种更先进的武器了。"

　　小说里的这位哲学家如果知道了这一点，一定会感到十分惊讶：即使看上去十分脆弱的普通蛋壳，也远比我们想象的结实。如图 8 所示，用两只手握住鸡蛋并用力向中间挤压，你会发现把鸡蛋压碎并不是那么容易的事，反而需要花很大的力气。

　　蛋壳为什么会这么坚固呢？原因就在于它那特殊的形状——凸面向上。日常生活中见到的各种穹顶和拱门都是根

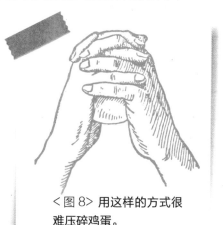

<图 8> 用这样的方式很难压碎鸡蛋。

据这个原理建造的，因此也非常坚固。

图9画的是一个拱形窗户。重物 S（窗顶之上的墙体）对拱顶（也就是石头 M）施加了一个竖直向下的压力，用箭头 A 表示。由于石头 M 是楔形的，被相邻的

<图9> 石拱门为什么坚固的力学原理图

两块石头卡着，所以它掉不下来。根据力的平行四边形法则，力 A 可以分解成两个力，即图中的力 B 和力 C。这两个力又各自被它们旁边的石头所产生的阻力给抵消了。在这样的情况下，石头 M 的形状虽然可以使它不容易往下掉，但也使得它更容易向上升。因此同样的力，从外向内作用在拱顶上不会把窗户压坏，但是从内向外作用在拱顶上的话，拱顶就很可能会支撑不住，使窗户遭到破坏。

蛋壳本身就是一个拱形结构，而且是由许多拱形"手拉手"组成的。因此，它虽然看上去脆弱，但是受到压力时却不会如想象中那么容易破碎。你还可以找一张沉重的

桌子，把它的四条腿放在四个生鸡蛋上，然后你会发现，蛋壳竟然完好无损（当然了，把桌子直接放在光溜溜的鸡蛋上并不容易，你可以用石膏加宽鸡蛋的两端，增加它们的支撑面积，这样可以让鸡蛋更容易立住）。

现在我们明白了，为什么母鸡在孵蛋时不必担心自己会把蛋压碎，而弱小的雏鸡只需在蛋壳里啄几下就能打破这个坚固的"牢笼"。

拿一个匙子，我们得用它的侧面才能比较容易地把鸡蛋敲碎。可见在自然条件下，蛋壳可以承受多么大的压力。而大自然为了保护孕育中的小生命，为它们制造了多么坚固的"盔甲"呀！

同样地，电灯泡虽然看上去又薄又脆，但实际上也十分坚固。此外，由于电灯泡的内部是接近真空的状态，没有任何物质来抵抗外界空气的压力，因此它的坚固性是更为惊人的。要知道，灯泡受到外界空气的压力是相当大的：一个直径为 10 厘米的灯泡，其两面所受的压力至少有 75 千克力（一个成年男性的重量）。实验证明，真空灯泡所能承受的压力是这个压力的 2.5 倍。

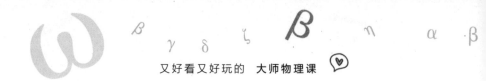

我们的运动速度有多快

对于顶级的田径运动员来说，跑完 1500 米只需 3 分 50 秒 △ 。我们如果想比较一下这名田径运动员的速度与一般人步行的速度——1.5 米／秒，首先要通过简单的计算得出他的速度是多少，计算结果是：这名田径运动员奔跑的平均速度约为 7 米／秒。不过，这两个速度其实不应该这么简单地进行比较。如果从持久性的角度来看，步行虽慢——一般人步行的速度约为 5 千米／时，但步行者能够持续步行几个小时，田径运动员却只能在短时间内保持快速奔跑。步兵的行军速度虽然只有田径运动员的三分之一，大概 2 米／秒，也就是 7 千米／时，但和田径运动员相比，步兵能持续行进更远的路程。

倘若我们把人正常步行的速度与那些普遍被认为行动缓慢的动物——蜗牛或乌龟的爬行速度相比，结果会相当有趣。蜗牛是运动最慢的动物之一，它的爬行速度只有 1.5 毫米／秒，也就是每小时只能爬 5.4 米，只有人步行速度的千分之一。乌龟的爬行速度并不比蜗牛大多少，大约只有 70 米 / 时。

比起蜗牛和乌龟，人称得上敏捷异常了。但比起自然界其他运动还不算太快的东西，那就是另一番情景了。没错，人的速度能超越平原河流的水流速度，甚至能达到中等的风速；但是，想与每秒钟飞行 5 米的苍蝇齐头并进，人只能用滑雪的方式实现；想赶上野兔或猎狗，人就算骑着快马也做不到；想和鹰比拼，那人就只能坐飞机了。

人类发明了机器，这样人就可以看作世界上运动最快的动物了。

苏联 ② 曾制造了一种带潜水翼的客轮，其时速高达 70 千米。另外，人在陆地上的运动速度要比在水中的运动速度大得多。在一些路段上，火车的行驶速度达到了 100 千米 / 时。吉尔 –111 型轿车（图 10）的最

① 截至 2023 年，男子 1500 米世界纪录为 3 分 26 秒。
——译者注

② 苏联：全称"苏维埃社会主义共和国联盟"，存在于 1922—1991 年的联邦制社会主义国家。
——译者注

31

<图 10> 吉尔 -111 型轿车

高时速可达 170 千米，而"海鸥"汽车的时速也能达到
160 千米。还有速度远远高于汽车、轮船的现代飞机。在
苏联的很多民航航线上使用的飞机——图 -104（图 11）
和图 -114，其平均速度约为 800 千米 / 时。曾经，超越声
速（0℃时空气中的声速约为 330 米 / 秒，也就是约 1200
千米 / 时）对飞机制造而言还是个大难题，现在这个难题
已被攻克，小型喷气式飞机的时速已经达到 2000 千米。

人类还制造出了速度更快的工具。在大气层边缘运行

<图 11> 图 -104 型客机

的人造地球卫星的速度约为 8 千米 / 秒，而有些宇宙飞船的初始速度已超过第二宇宙速度（当飞行器的速度等于或大于 11.2 千米 / 秒时，它就会克服地球的引力，永远离开地球。我们把 11.2 千米 / 秒叫作第二宇宙速度）。

大家可以看一看下面这个速度对照表：

	米 / 秒	千米 / 时		米 / 秒	千米 / 时
蜗牛	0.0015	0.0054	野兔	18	65
乌龟	0.02	0.07	鹰	24	86
鱼	1	3.6	猎狗	25	90
步行者	1.4	5	火车	28	101
骑兵常步	1.7	6	轿车	56	202
骑兵快步	3.5	12.6	赛车	174	626
苍蝇	5	18	大型民航飞机	250	900
滑雪者	5	18	声音（0℃时空气中）	330	1188
骑兵快跑	8.5	30	小型喷气式飞机	550	1980
水翼船	17	61	地球公转	30000	108000

追逐时间

早上 8 点从符拉迪沃斯托克（海参崴）坐飞机出发，能在当天早上 8 点抵达莫斯科吗？这听上去很不可思议，但实际上我们可以做到。原因是，符拉迪沃斯托克和莫斯科之间存在 9 个小时的时差。如果飞机用 9 个小时从符拉迪沃斯托克飞抵莫斯科，就会产生这种有趣的结果，即抵达莫斯科的时间恰好是从符拉迪沃斯托克起飞的时间。

这两个城市间的距离约为 9000 千米，那么只要飞机的速度达到 1000 千米 / 时就可以实现这一结果，而现代飞机完全能达到这个速度。

想要在极地纬度"追赶"太阳（准确地说是"追赶"地球），并不需要特别高的速度。在 77° 纬线上，一架时速约 450 千米的飞机就可以在地球自转的同时与地心保持相对静止的状态。这时候，机舱里的乘客将目睹"日不落"的奇观——太阳既不走动，也不落下。当然，飞机的飞行方向必须和地球自转的方向相反。

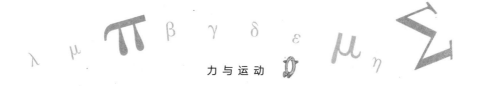

如果我们想看月亮每晚从同一个地方升起来，那也很简单。月球绕地球公转的速度是地球自转速度的 $\frac{1}{29}$（这里是指角速度，而非线速度 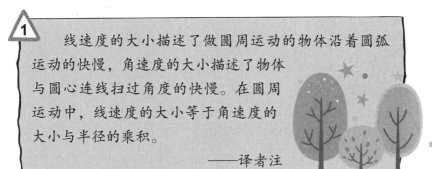），因此，一艘时速 25 ~ 30 千米的普通轮船，只要在中纬度地区沿纬线向东航行，月亮便会每晚准时从同一个地方升起来。

马克·吐温在其作品《傻子出国记》中提到了这一现象。他在描述从纽约到亚速尔群岛的航行过程时写道：

> 此时正是夏季，天气很好，夜晚十分美丽。我发现了一个奇特的现象：每天晚上，月亮会在同一时间出现在同一位置。起初，这个现象让我百思不解，后来我明白了，因为轮船以每小时在经度上跨越 20 分的速度向东行驶，这意味着轮船和月亮正在向同一方向同步前进。

> 1   线速度的大小描述了做圆周运动的物体沿着圆弧运动的快慢，角速度的大小描述了物体与圆心连线扫过角度的快慢。在圆周运动中，线速度的大小等于角速度的大小与半径的乘积。
>
> ——译者注

千分之一秒

我们已经习惯用人类的计时标准来计量时间，因此千分之一秒对我们来说几乎等同于零。直到最近，我们才开始在生活实践中关注千分之一秒这么短暂的时间。当人们只能根据太阳的高度或影子的长短来计量时间的时候，他们根本不可能把时间精确到分钟（图12），对当时的人来说，一分钟太无关紧要了，根本不值得计量。古时候，人们过着慢节奏生活，当时的计时工具，如日晷、滴漏、沙漏等，

<图12> 根据太阳的高度（左）或者影子的长短（右）来确定时间。

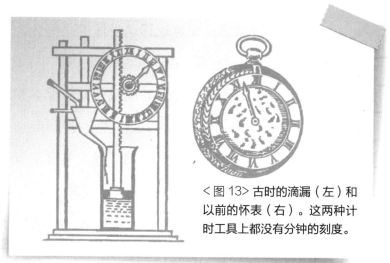

<图13> 古时的滴漏（左）和以前的怀表（右）。这两种计时工具上都没有分钟的刻度。

都没有分钟的刻度（图13）。直到18世纪初，钟表盘上才出现了分针，而秒针在19世纪初才出现。

可是千分之一秒太短了，能做什么呢？能做的事情很多！在这短暂的时间里，火车能行驶3厘米左右，声音能传播33厘米，飞机甚至能飞出半米；我们的地球可以绕太阳转30米；而光呢，它可以传播300千米。

对生活在我们周围的微小生物来说，它们可不会把千分之一秒当成"无关紧要"的时间。一些小昆虫就能感知千分之一秒的时间。蚊子能在一秒钟内上下扇动翅膀500 ~ 600次。也就是说，它能在千分之一秒内把翅膀抬起或放下一次。

　　人类不能像昆虫那样快速地移动身体的某部分。对人类而言，最快的动作是眨眼，我们常说的"一瞬""一眨眼"等词的本义正是来源于此。这个动作快到我们根本察觉不到自己的眼前曾被短暂地遮暗。然而很多人都不知道的是，这个人类最快的动作，如果用千分之一秒为单位来衡量，就显得相当缓慢了。精确测量结果显示，人眨一次眼的时间平均为 0.4 秒，也就是 400 个千分之一秒。一次眨眼可分解为以下几个动作：眼皮放下（75~90 个千分之一秒），眼皮放下后静止（130~170 个千分之一秒），眼皮抬起（约170 个千分之一秒）。这下你知道了吧，"一瞬"其实是很长的时间了，在这期间你的眼皮甚至可以短暂地休息一下。我们如果能感知千分之一秒的时间，就可以在"一瞬"间捕捉到眼皮的两次移动以及中间的静止情形了。

　　假如人体神经系统具有了这样的构造，那你所看到的周围事物会超乎你的想象。英国作家赫伯特·乔治·威尔斯在他的小说《新型加速剂》中，对此有着生动的描述。小说中的主人公喝下一种奇药，这种药能对人体神经系统产生作用，使人的视觉可以捕捉到各种极快的动作。

　　下面是摘自小说中的几段内容：

　　"你以前看到过窗帘如此紧贴在窗子上的情景吗？"我看向窗帘，发现它像被冻住似的纹丝不动，而下摆被风吹起后也保持卷起的状态不动。"我从来没见过这样的情景，"我如实答道，"太奇怪了！""你再看看这个。"他一边说着，一边松开了握着玻璃杯的手。我本以为杯子会立马摔个粉碎，没想到它却好似一动不动地停在了半空中。"你知道的，"吉本先生说，"自由下落的物体在最初一秒的下落高度是 5 米。没错，这只杯子正在跑这段路程，但是从刚才到现在，经过的时间还不到百分之一秒 ⚠ 。这下你明白我的'加速剂'究竟有什么功效了吧？"玻璃杯缓缓落下，吉本先生的手也绕着杯子来回移动。

　　1　　这里需要注意，物体在做自由落体运动的时候，在落下第一秒的第一个百分之一秒里，下落的高度并不是 5 米的百分之一，而是 5 米的万分之一，即 0.5 毫米（按公式 $h=\dfrac{1}{2}gt^2$ 计算）；而在第一个千分之一秒里，下落的高度只有 0.005 毫米。

　　我望向窗外，一个骑自行车的人像被冻住似的一动不动，正追着一辆同样一动不动的汽车，就连自行车扬起的灰尘也像被冻住似的弥漫在周围……我注意到一辆仿佛被冻住的马车，车轮、马蹄、鞭子末端以及车夫的下颌（他正在打哈欠）——所有这些都在动着，只是十分缓慢；车上的其他东西则像是完全静止了，乘客们也如雕像一般僵在那里；其中一个僵住的乘客正迎风折起手中的报纸，但对于我们来说，这阵风也是丝毫感觉不到的。

　　……以上我所谈、所想和所做的所有事情都是在"加速剂"渗入我体内之后发生的，而这一切对于其他人以及整个宇宙来说，都只是瞬间发生的事。

　　相信读者一定很想知道，现代科学仪器究竟能测量到多短的时间。在本世纪初，人们就已经能测量到万分之一秒了；现在物理实验室里能测量到千亿分之一秒⚠。而拿千亿分之一秒跟一秒钟相比，就相当于拿一秒钟跟3000年相比！

> **①** 此处所说"本世纪"是指20世纪。截至2023年，科学家测量到的最短时间间隔为 2.47×10^{-19} 秒。
> ——译者注

船上的球速

有一艘正在向前行驶的船，船上有两个人在玩扔球游戏。其中一人站在船头，另一人站在船尾。如果他们在同一时间用相同的速度把球扔向对方，那么谁会更快地接到球？在这里，我们先假设气流不会影响球的速度。

如果这艘船以匀速前进，那么这两人会同时接到对方扔来的球，和在陆地上一样。对于这个问题，你不必想得过于复杂，也不需要考虑站在船头的人把球扔出去后会不会后退，或船尾的人会不会向前迈步。由于惯性，球跟着船也在以一定速度前进。

因此，对船上的两个人而言，球的速度是相同的。

<图 14> 谁会更快地接到球？

帆船是从哪里驶来的

假设一只小舢板正在湖面上划行。图 15 里的箭头 a 表示它的行驶速度和方向。前方，在与小舢板垂直的方向上驶来一艘帆船，箭头 b 表示帆船的行驶速度和方向。如果有人问你这只帆船是从哪里驶来的，你一定会毫不犹豫地指出岸上的 M 点来。但是同样的问题，如果问坐在小舢板上的乘客，他们所指出的点肯定与你所指出的点完全不同，这是为什么呢？

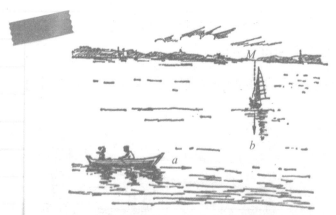

< 图 15 > 帆船沿着与小舢板垂直的方向行驶。箭头 a 和箭头 b 表示速度。小舢板上的乘客看到帆船是从哪里驶来的？

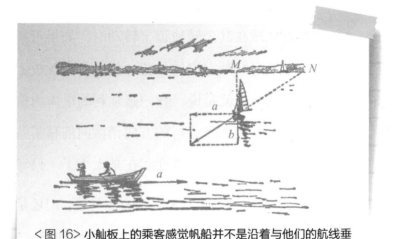

<图 16> 小舢板上的乘客感觉帆船并不是沿着与他们的航线垂直的方向行驶，而是从 N 点驶来，不是从 M 点驶来。

　　这是因为小舢板上的乘客看到的帆船的行进方向，并不是垂直于他们自己的行进方向的。要知道，他们并不觉得自己在运动，而是觉得——自己好像原地不动，周围的一切却在以小舢板的速度向反方向运动。因此在他们看来，帆船不仅沿着箭头 b 的方向运动，还沿着虚线箭头 a 的方向——与小舢板行进方向相反——运动（图 16）。根据平行四边形定则，帆船的实际运动和视运动合起来，就使得小舢板上的乘客觉得帆船是沿着用 a 和 b 做邻边的平行四边形的对角线运动的，从而也让他们认为帆船是从岸上的 N 点驶来的，而不是 M 点。按照小舢板行进的方向来看，这个 N 点要比 M 点更靠前（图 16）。

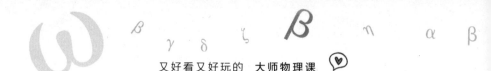
当我们跟着地球在其公转轨道上转动时，如果直接根据星体发出的光线来判断它们的位置，就会跟小舢板上的乘客犯同样的错误。也就是说，我们感觉到的星体的位置要比它们的实际位置沿地球运行的方向稍微向前移了些。当然，比起光速，地球运行的速度实在是太小了（只等于前者的 $\frac{1}{10000}$）；因此，星体的视偏差并不明显，但还是可以通过天文仪器观测到。这个偏差，被称为光行差。

如果你对这类问题产生了浓厚的兴趣，那么请回到上面所提的帆船的题目，再试着回答以下几个问题：

1. 在帆船上的乘客看来，这只小舢板正沿着什么方向行进？

2. 帆船上的乘客觉得这只小舢板要驶向什么地方呢？

要回答这两个问题，你得在箭头 a（图 16）上画出速度的平行四边形，然后对角线所指的方向就是帆船上的乘客所看到的小舢板的行进方向，也就是正斜着驶向他们，好像准备靠岸一样。

从行进的车子里下来，要向前跳吗

无论向谁提出这个问题，你都会得到同样的答案："根据惯性定律，这个时候自然是应该向前跳了。"然而，如果你让他详细解释一下其中的原理，问他：惯性究竟起着什么作用？我敢说，他肯定会信心十足、滔滔不绝地阐述自己的想法，但只要你不打断他，他很快就会困惑起来：他最后的结论竟然是，正是由于惯性的存在，从行进的车子里下来的时候居然应该向后跳，也就是向跟车子行进相反的方向跳！

事实的确如此，惯性在这种情况下只起着次要的作用，主要原因在于另外一点。我们如果忽略了这个主要原因，那就必然会得出这样的结论：应当向后跳，而不是向前跳。

假设你必须在车子行驶的过程中往下跳，这时会出现什么情况呢？

如果我们从行进的车子里往下跳，那么我们的身体在离开车身的时候会保有与车子一样的速度并继续向前行进

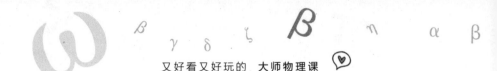

（就是由于惯性而继续运动）。这样分析的话，我们若是向前跳，不仅不会消除这个速度，反而会加大这个速度。

如此看来，我们从行进的车子里下来，绝对不能朝着车行的方向跳下，而应该朝着与车行相反的方向跳下。因为我们向后跳的话，这个跳下的速度与我们的身体由于惯性而继续运动的速度是反向的，这样向前的速度被抵消掉一部分，我们的身体在落地时与地面相撞的力量才会稍微小一些，就不容易跌倒了。

实际上呢，不管是谁，从行进的车子里往下跳的时候，都是朝着车行的方向跳下的，也就是向前跳。无数事实表明，这的确是跳车的最好方式。我们在此也坚决奉劝大家，你如果从行进的车子里下来，可千万不要尝试向后跳这种别扭的方式。

这到底是怎么回事呢？

事实上，我们前面关于跳车的论述是不完整的，只解释了一半。我们从行进的车子里往下跳的时候，无论是向前跳还是向后跳，都有跌倒的趋势，因为两只脚落地后会停止前进，而身体的其他部分还在继续前进。当我们向前跳车时，虽然身体的这个继续前进的速度要比向后跳车时大，但是向前跳车还是比向后跳车更安全。因为向前跳车时，我们往往会习惯性地把一只脚迈到前方（如果车子的前进速度比较快，还可以继续向前跑一段距离），这样就可以避免向前跌倒。这个动作对我们来说再熟悉不过了，因为我们平时都是这样行走的：从力学的角度看，行走实际上是一连串的向前倾跌，并及时跟上后面的脚来保持身体平衡的运动。如果我们从车子里向后跳，我们的脚就无法做出迈步的动作来避免向前跌倒，这样一来，反倒增加了跌倒的危险性。最后，还有一点也至关重要，那就是即使我们真的向前跌倒了，也可以先用双手来撑一下地面，这样摔伤的程度要比向后仰跌轻得多△。

1　　这里应该注意，人们摔倒时习惯于用手撑地来缓冲撞击，但是在突然的冲击下，手腕和手臂并不具备承受整个身体重量的能力，这样做可能导致手腕、手臂甚至肩膀的损伤；此时可以侧身让臀部或大腿等肌肉较发达的部位先着地，利用肌肉和脂肪的缓冲作用来分散冲击力，减少对骨骼的直接撞击。当然，一般情况下，用手撑地也是降低伤害的有效方法。

——译者注

所以说，跳车时向前跳比向后跳更安全，与其说是惯性的缘故，不如说是我们自身的缘故。不过，对于没有生命的物体来说，这个规则自然就不适用了：假设我们从车子里往外抛玻璃瓶，向前抛出比向后抛出更容易摔碎。因此，假如你由于某种原因不得不带着行李从车子里跳下来，这时你应该先把行李朝后面丢出去，然后自己向前跳下。当然了，为了安全着想，我们最好不要在半路上跳车。

    有经验的人，比如火车的乘务员和公共汽车的售票员等，通常采用这样的方式跳车：面朝着车辆前进的方向向后跳下。这样做有两个好处：一方面减小了我们的身体由于惯性而保有的速度；另一方面也可以避免仰面摔倒的危险，因为这时候跳车人的身体是向着车辆前进的方向的。

为什么火箭会飞

对于这个问题，甚至连研究物理学的人也时常做出错误的解释，他们说：火箭会飞的原因在于，其内部的火药燃烧所产生的气体推开了外面的空气。古时候的人都是这样认为的（火箭很早就被发明出来了），但是，**如果把火箭放在真空里，它甚至比在空气里飞得还要好**。可见火箭之所以会飞并不是因为这个原因，而是另有原因。作为三·一刺客 ⚠ 之一的基巴里奇在其临终前的笔记里清楚地记叙了有关发明飞行机器的事情，他写道：

做一个铁制圆筒，一端封闭，另一端开放，然后用压制的火药将开放的一端塞紧。这块火药的中间是空的，整个看上去就像一个中空的管道。火药从这个管道的内表面开始燃烧，经过一个确定的时间后便扩展到外表面。气体燃烧的同

> **1**
> 三·一刺客：
> 指俄国民意党人
> 1881 年 3 月 1 日炸
> 死沙皇亚历山大二
> 世事件的参与者。

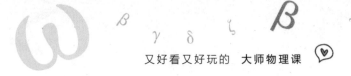

时会产生不同方向的压力。朝向两侧的压力是相互平衡的，朝向铁制圆筒底部的压力则没有遇到能够和它相互平衡的力（因为圆筒的另一端是开放的）。正是这个朝向封闭方向的力推动着火箭飞行。

发射炮弹时也是同样的情形：炮弹向前射出，而炮身却往后坐。大家不妨想一下手枪及各类火器在发射时的后坐力！假如大炮悬在空中而没有任何支撑，那么在射击之后，炮身会向后运动，炮弹会向前运动，而炮身的速度和炮弹的速度之比，等于炮弹的质量和炮身的质量之比。儒勒·凡尔纳的科幻小说《旋转乾坤》里的主人公就曾大胆设想利用大炮的强大后坐力来完成一件伟大的创举——把原本倾斜的地轴扶正。

火箭其实就相当于一枚大炮，只不过它射出的是火药燃烧产生的气体，而不是炮弹。"中国轮转焰火"能够旋转上升也是基于相同的物理原理：这种焰火的轮子上装有一根火药管，点燃火药后，气体会从一个方向冲出，火药管连同轮子就向相反的方向运动。这种焰火其实就是我们常见的物理仪器——西格纳尔轮的一个变种。

有趣的是，人们在发明蒸汽机之前，就曾根据这个原理设计过一种机械船：船尾装有一个强力压水泵，能够把船里的水压向船外，从而使船向前行驶。这种机械船的设计虽然没有投入应用，但是对轮船的发明仍起到很大的作用，因为正是这个巧妙的设计启发了富尔顿 ⚠ 。

众所周知，世界上第一台蒸汽机是由希罗 ② 于公元前 2 世纪（一说公元 1 世纪）发明制造的，也是基于相同的原理：从汽锅 D 里冒出的蒸汽由管道 abc 进入一个安装在水平轴上的球中，然后从球体两旁的曲柄管喷出，推动两个管子向相反方向运动并使得球体开始转动（图 17）。但是很可惜，希罗式蒸汽机在古代只被当作一种有趣的玩具，因为当时是奴隶社会，劳动力低廉，自然没人想到使用机器。但是这个原

1 富尔顿（1765—1815）：美国发明家，1807 年，他设计出蒸汽机带动车轮拨水的"克莱蒙特号"轮船，是世界上轮船的首创者。

——译者注

2 希罗：又称亚历山大里亚的希罗，古罗马数学家，其作品《机械集》涵盖诸多方面的力学和工程。他所发明的汽转球，是有文献记载的第一部蒸汽机。

——译者注

理还是流传了下来：现在我们正是利用这一原理来制造反动式涡轮机。

牛顿提出了作用与反作用定律，并根据这个原理设计出人类历史上最早的蒸汽汽车：蒸汽从安装在车轮上的汽锅里出来并向一个方向喷出，而汽锅在反冲作用下向相反方向运动，从而带动车轮向前行驶（图18）。

大家有兴趣的话可以照着图19做一只小船，它跟牛顿

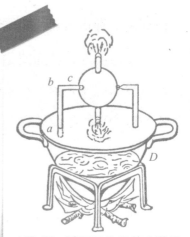

<图 17> 希罗于公元前 2 世纪制造的最早的蒸汽机（涡轮机）

<图 18> 牛顿设计的蒸汽汽车，喷气式汽车就是它的现代形式。

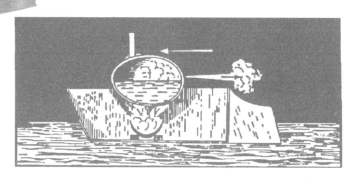

<图 19> 用纸和蛋壳制作的玩具轮船，燃料是金属帽里的酒精。从蛋壳做成的汽锅里喷出的蒸汽使得轮船向相反方向运动。

设计的蒸汽汽车十分相似：用一个空蛋壳做汽锅，在汽锅下面放一个金属帽，再把浸泡过酒精的棉花塞进金属帽里；棉花被点燃后，蛋壳做成的汽锅里就会出现蒸汽，然后这股蒸汽就向一个方向喷出，从而使得小船向相反方向运动。当然了，制作这个具有教育意义的玩具必须有一双巧手。

18

乌贼是如何运动的

"抓住头发把自己提起来"，这是地球上很多生物在水中的运动方式。听到这一事实，大家一定会觉得奇怪。

乌贼和大多数头足纲软体动物就是这样运动的：它们先通过身体侧面的孔和头部的漏斗把水吸入鳃腔，再用力将体内的水从漏斗口喷出。根据作用与反作用定律，它们就得到了反向的推力，使它们能够从后面推动身体并迅速向前运动。此外，乌贼还可以改变漏斗的朝向，然后极速喷出体内的水，这样就可以使自己朝任意方向运动。

水母也是这样运动的：它们紧缩身体，然后把水从自己那钟形的身体下面压出去，得到一个反向的推力。蜻蜓的幼虫以及许多水中生物都是用类似的方式在水中运动的。

＜图20＞ 乌贼在游动。

19

引力大不大

"如果我们不是时刻都能看到物体的坠落，那么它在我们眼中将会是一种奇观。"法国天文学家阿拉戈曾经这样写道。所谓的"习以为常"让我们觉得，地球对所有物体的吸引都是再平常不过的现象。可是如果有人对我们说，事实上物体之间也是相互吸引的，那我们大概是不会相信的。因为在日常生活中，我们并没有察觉到这样的现象。

为什么万有引力定律 ⚠ 没有在我们周围的环境里时时表现出来呢？为什么我们没有看到桌子、西瓜、人体之间相

① 万有引力定律：自然界中任何两个物体都相互吸引，引力的方向在它们的连线上，引力的大小与物体的质量 m_1 和 m_2 的乘积成正比、与它们之间距离 r 的二次方成反比，即 $F=\dfrac{Gm_1m_2}{r^2}$，这就是万有引力定律。其中 G 为引力常量，等于 $6.67\times10^{-11}\mathrm{N\cdot m^2/kg^2}$。

——译者注

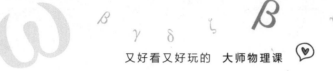

互吸引呢？原因就在于对不大的物体来说，引力是很小的。我举一个具体的例子。假设两人间隔 2 米站着，那么他们之间是相互吸引的，只不过这个引力很小，对中等体重的人来说，这个引力不超过 $\frac{1}{100}$ 毫克力。也就是说，这两人之间的引力只相当于一个 $\frac{1}{100000}$ 克砝码的重量，而这样小的重量只有用科学实验室里最灵敏的仪器才测得出！这样的引力自然无法使我们移动——我们的脚与地板之间的摩擦力阻止了我们移动。我们如果想在木质地板上移动（脚和木质地板之间的摩擦力等于自身重量的 30%），至少需要 20 千克力的力量。相比这个力，$\frac{1}{100}$ 毫克力的引力简直微不足道。1 毫克力等于 1 克力的千分之一，1 克力又等于 1 千克力的千分之一，那么 $\frac{1}{100}$ 毫克力就只等于那个能使我们移动的力量的十亿分之一的一半！这样的话，我们在一般的条件下丝毫察觉不出地表上各种物体之间相互吸引又有何奇怪呢？

假如没有了摩擦，那就完全不一样了。这时候就连最微小的引力也能使物体相互靠近。不过在 $\frac{1}{100}$ 毫克力的引力下，两人向彼此靠近的速度是很小的。通过计算可知，在没有摩擦的条件下，相距 2 米的两个人在第一个小时里会相向移动 3 厘米；在第二个小时里会相向移动 9 厘米，在第三个小时里会相向移动 15 厘米。他们向彼此靠近的速度会越来越快，但是至少要经过 5 个小时，两人才会紧密地靠拢在一起。

在没有摩擦力阻碍的情况下，地表上各种物体之间的引力便可以察觉出来。悬挂着的重物在地球引力的作用下会使悬挂它的线垂直指向地面。但假如附近有一个庞大的物体吸引着这个重物，那这根线就会稍稍偏离垂直的方向，指向地球引力和这个庞大物体引力的合力方向。1775 年，科学家们第一次观测到了这种偏离现象。当时他们在一座山的两侧测量铅锤的方向和指向天顶的方向之间的角度，结果发现在山两侧测得的角度是不一样的。后来有了一种特殊的装置——扭秤，使得科学家们对地表上各种物体之间的引力做了更为完善的实验，于是，引力的大小也就可以精准地测定了。

质量不大的物体之间的引力是微乎其微的。引力跟物体质量的乘积成正比，因此随着物体质量的增大，引力也会增大。不过，很多人常常夸大这个力。有一位科学家——他是生物学家而非物理学家，曾经试图说服我，他说两艘海轮之间的吸引力是看得见的，这便是万有引力的结果！简单计算一下

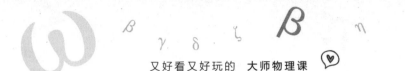

便知，此处的引力很小：假设两艘海轮的质量都是 25000 吨，在相距 100 米时它们之间的引力只有 400 克力。显然，这个引力无法使两艘海轮发生哪怕一丁点的位移。事实上，两艘平行航行的轮船之间产生的吸引力主要是由于水流的影响。

不过，质量惊人的天体之间的引力则是极为强大的。即便是那颗离我们十分遥远、在太阳系边缘慢慢旋转的行星——海王星，也能使地球受到 1800 万吨力的引力！太阳离我们更加遥远，可正是由于太阳的引力，地球才能在自己的轨道上持续运转（图 21）。假如太阳对地球的引力凭空消失了，那么地球就会沿着轨道的切线飞入漫无边际的宇宙中，永远也不会回来了。

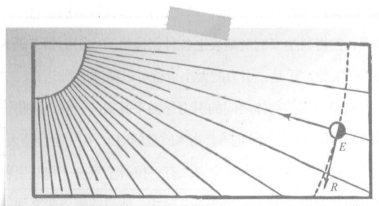

<图 21> 太阳对地球的引力使得地球的行进路线发生弯曲。如果太阳的引力消失，地球会由于惯性而沿着切线 ER 飞出去。

儒勒·凡尔纳笔下的月球之旅
以及这旅行究竟应该怎样进行

　　1865 年，法国作家儒勒·凡尔纳创作了《从地球到月球》
这部科幻小说，小说里描述了一个大胆的设想：将一枚装载
着活人的炮弹发射到月球上去 △！凡是看过这部小说的人，
一定会对小说里所描写的炮弹经过地月引力相等的一点时的
有趣情节回味无穷。那里发生的事情简直像童话一样：炮弹
里所有的东西都失去了重量，乘客们跳起来后就飘在空中，
落不下来了。

　　①　　1969 年 7 月 16 日，载着 3 名航天员的
美国"阿波罗 11 号"宇宙飞船成功发射，
并于 20 日在月球上安全降落。这是人
类第一次登上月球。现在我们都知道，
宇宙旅行利用的是火箭而不是炮弹，但
是火箭飞行与炮弹发射的基本原理是相同
的，可见儒勒·凡尔纳的设想是非常超前的。

　　　　　　　　　　　　——译者注

　　这段描写是非常正确的，但是作家忽略了一点，就是这样的情形也同样发生在炮弹飞过这个引力相等的一点的前后。这一点其实很容易证明，炮弹里的一切，包括乘客，从炮弹发射出去之后就都处于失重状态了。

　　这听上去有点匪夷所思，但是仔细想一想的话，你一定会对自己出现这样的疏忽而感到奇怪。

　　下面，我们再借小说中的一个精彩情节来举例说明。炮弹里的乘客把一只狗的尸体扔到了炮弹外面，却惊讶地发现那具尸体并没有落回地球，而是随着炮弹继续向前飞行。在这里，凡尔纳正确地描述并解释了这个现象。

　　的确，真空中所有物体都是以相同的速度下落的。这是因为地球引力给予了所有物体相同的加速度。在当时的情况下，不管是炮弹，还是狗的尸体，在地球引力的作用下，它们下落的速度（加速度）都是相同的；更确切地说，炮弹和狗的尸体在炮弹射出后获得的速度，会在地球引力的作用下不断减小，并且减小的速率是一致的。因此在整个飞行过程中，炮弹和狗的尸体的速度始终是完全相同的。这就是从炮弹中扔出的狗的尸体能够继续跟着炮弹飞行而丝毫不会落后的原因。

　　但是，凡尔纳忽略了一个事实：既然狗的尸体在炮弹外面没有落回地球，那么它在炮弹里面又怎么会跌落？要知道，无论是在炮弹里面还是在炮弹外面，它受到的引力都是一样的。就算把狗的尸体悬空放在炮弹里面，它也会在空中飘浮着，因为它具有和炮弹一样的速度，也就是相对于炮弹来说，狗的尸体是静止的。

　　这个道理不仅适用于狗的尸体，也适用于炮弹里包括乘客在内的所有物体：这些物体的速度和炮弹的速度在整个飞行过程中都一样，因此，它们就算不借助任何支撑也不会坠落。放在炮弹地板上的椅子也能倒立在天花板上而不会掉下来，因为椅子会随着天花板一起向前飞行。乘客也可以头朝下坐在椅子上而不会有向地面坠落的感觉。的确，有什么力量能让乘客坠落呢？如果乘客真的坠落下去，就意味着炮弹的飞行速度比乘客的大（如果不是这样，那椅子也不会向地板接近）。但这种情况是不存在的，因为我们之前已经分析过了，炮弹里的一切物体都和炮弹以相同的速度运行。

　　具体地说，儒勒·凡尔纳忽略的一点是：他认为炮弹自由飞行时，其内部的物体也依然像炮弹未发射时那样，在引力的作用下向支撑点施加压力。但事实上，如果物体和它的

支撑点都以同样的加速度在空间里运动，那它们是不可能相互施加压力的（即只存在引力而不存在牵引力、空气阻力等其他外力）。

这样的话，从炮弹开始自由飞行时起，乘客们就已经失去重量，能够自由地悬浮在里面了。更确切地说，炮弹里的所有物体都应该处于失重的状态。根据这一点，炮弹里的乘客可以判断自己现在是在宇宙空间飞行，还是仍旧停留在炮膛里；但是，凡尔纳却在小说中这样描述：太空旅行已经进行了半个小时，但是乘客们还不确定他们是在飞行着，还是仍停留在地面上。

"尼科尔，我们现在是在飞行吗？"

尼科尔和阿尔唐一脸疑惑地看了看对方，他们都丝毫没有感觉到炮弹的震动。

"就是说呀！我们到底是不是在飞行？"阿尔唐重复地问道。

"或许我们根本就没动，仍停在佛罗里达的地面上？"尼科尔说。

"或者还在墨西哥湾的海底下？"米歇尔补充道。

如果是轮船上的乘客发出了这样的疑问，那完全有可能，

但是对于自由飞行的炮弹里的乘客来说，发出这样的疑问就让人难以置信了：因为轮船上的乘客并没有失去重量，而炮弹里的乘客则不可能感觉不到自己已经处于失重的状态。

在这样一个幻想的炮弹里，会出现多少奇怪的现象啊！这就是一个小小的世界，在这里，所有的物体都处于失重状态；在这里，把手里的物体放开，这个物体仍会停留在原来的位置不动；在这里，物体在任何状态下都保持着平衡；在这里，即使把水瓶打翻了，里面的水也不会流出来……然而很遗憾，这一切都被《从地球到月球》的作者忽略了，不然的话这些奇怪的现象可以给我们这位大作家提供多少有趣的素材啊⚠️！

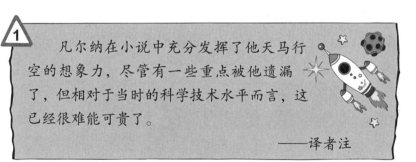

1 　凡尔纳在小说中充分发挥了他天马行空的想象力，尽管有一些重点被他遗漏了，但相对于当时的科学技术水平而言，这已经很难能可贵了。

——译者注

我们何时绕太阳转得更快些：白天还是夜晚

在巴黎的某份报纸上，曾经刊登了这样一则诱惑力十足的广告："你想来一场价格便宜且丝毫不会让人感到劳累的星际旅行吗？只要寄出 25 生丁 ⚠，你就能拥有一场这样的旅行！"果然有人轻易地相信了这则广告，并按照上面的地址寄出了 25 生丁。他们都收到了这样一封回信：

> 先生，请你安静地躺在自己的床上，想着地球自转的情景。巴黎处在北纬 49°，你在一昼夜间可以前进 2.5 万千米以上。你如果想欣赏沿途的风景，那么请拉开窗帘，尽情领略斗转星移的美景吧！

最终，发布广告的人被指控犯了欺诈罪。据说，他在法院听完判决并交付罚金后，像在剧院中表演一样站了起来，然后一本正经地复述了伽利略的名言：

"可是，地球的确在转

> 1 生丁：法国的一种旧式货币单位，1 生丁相当于 0.01 法郎。
>
> ——译者注

动啊！"

从某种意义上来说，这位被告说的是有道理的。因为地球上的居民不仅被地球带着以绕地轴旋转的方式在"旅行"，同时还在用更大的速度围绕着太阳运动。地球带着我们以大约30千米/秒的速度在空间移动，同时也在不停地绕地轴旋转。

基于这一点，我们可以提出一个很有意思的问题，我们——地球上的居民——何时绕太阳转得更快些：白天还是夜晚？

这个问题或许会让人觉得莫名其妙：在地球上总有一面是白天，一面是夜晚，这样的话这个问题还有什么意义呢？根本就没有意义吧。但是事情没那么简单。这里我们要问的并不是整个地球何时转得更快些，而是我们——住在地球上的人——何时在星际之间移动得更快些。那么，这个问题就不是毫无意义的了。

在太阳系，我们每天都在进行两项运动：一项运动是绕着太阳公转，另一项运动是绕着地轴自转。两项运动叠加在一起，我们在不同的位置上便会得到不同的结果。如图22所示，我们在午夜时的运动速度等于地球的公转速度加自转

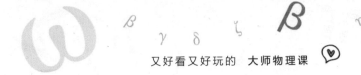

速度，而在正午时的运动速度等于地球的公转速度减自转速度。也就是说在太阳系中，我们在午夜比在正午时移动得快。

由于赤道上的每一个点都是以大约 0.5 千米 / 秒的速度绕着地轴自转，因此，赤道上正午和午夜的速度差值竟达到每秒钟整整一千米。一个懂几何学的人很容易就能算出，在太阳系中，位于北纬 60° 的圣彼得堡人在午夜要比在正午时每秒钟多移动 0.5 千米。

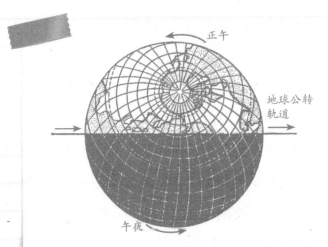

< 图 22> 地球绕太阳旋转时，夜半球的速度要比昼半球的速度略快一些。

车轮的秘密

把一张颜色鲜艳的彩纸片贴在手推车的车轮（或自行车的轮胎）上，然后在手推车（或自行车）前进的时候，你会发现一个奇妙的现象：当纸片转到轮子最底端——与地面接触的时候，你能清楚地看到纸片的移动；当纸片转到轮子上半部分的时候，就不容易看清了。

这么看的话，车轮的上半部分似乎要比下半部分转得更快些。你可以随便找一辆行驶中的车子并比较它的上下轮辐，然后就能观察到同样的现象：上半部分的轮辐连成一整片，而下半部分的轮辐却是一条一条清晰可辨的。这便又加深了我们的印象，即车轮的上半部分似乎要比下半部分转得更快些。

该怎么解释这个奇怪的现象呢？其实很好解释，因为车轮在旋转时，它的上半部分的确要比下半部分转得更快些。乍一听好像很难理解，但只要细想一下就会对这个结论深信不疑。

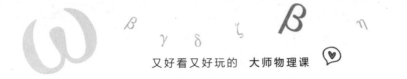

要知道，旋转着的车轮上的每一点，都在同时进行两项运动：一项是绕着轮子轴心旋转的运动，另一项是向前行进的运动。这就跟上一节所讲的地球的运动一样，应当将两项运动叠加起来，结果就使得车轮上半部分和下半部分的运动速度不一样了。

对车轮上半部分来说，车轮的旋转运动和前进运动的方向一致，因此车轮的速度是用旋转速度加上前进速度；但对车轮下半部分来说，旋转运动和前进运动的方向正好相反，因此车轮的速度是用前进速度减去旋转速度。这就造成了我们前面说到的现象：当人在静止状态下观察车轮时，会发现它的上半部分要比下半部分转得更快些。

下面我们来做一个简单的小实验（图23），以便让你理解得更透彻。在一辆车子的车轮旁边的地上插一根木棍，使它恰好垂直地通过车轮的轴心；然后用粉笔或炭笔在车轮的最上端和最下端——也就是木棍通过轮缘的上下两点——分别标上记号 A、B。现在，向右滚动车轮，使轮轴离开木棍 20~30 厘米，然后再去观察前面所做的两个记号分别移动了多长的距离。结果显示，上方的 A 点离开了木棍一大段距离，而下方的 B 点只离开木棍一小段距离——很明显，上方的 A

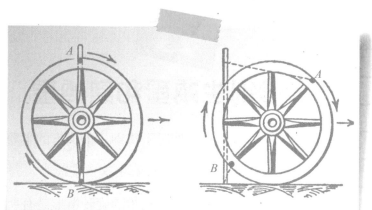

<图 23> 只要比较一下滚动了一段距离的车轮上的 A、B 两点与静止不动的木棍之间的距离（右图），就可以证明车轮的上半部分的确比下半部分转得更快一些。

点比下方的 B 点移动了更长的一段距离。

由此可知，运动中的车轮上每一点的转动速度都不相同，而移动得最慢的一点，就是车轮与地面相接触的那一点，严格地说这个点在这一瞬间是完全静止的。

当然，以上结论只适用于向前滚动的车轮，而不适用于在固定不动的轮轴上旋转的轮子。例如，飞轮在转动过程中，轮缘上任意一点的运动速度都是相同的。

怎样辨别生鸡蛋和熟鸡蛋

假如让你在不敲碎蛋壳的情况下辨别一个鸡蛋的生熟，这时该怎么办？力学知识可以帮助你解决这一难题。

首先要知道一点，生鸡蛋和熟鸡蛋的旋转情形是有所区别的。因此，我们可以利用这个关键点来解决上面的难题。把要鉴别的鸡蛋放在一个平底盘上，然后用两根手指来转动鸡蛋（图24）。熟鸡蛋旋转起来比生鸡蛋更快、更持久。生鸡蛋甚至连转都转不起来。如果是煮得很老的鸡蛋，就旋转得更快了，快到我们只能看到一团白影，甚至快到可以在自己的尖端立起来。之所以会出现两种不同的情形，是因为熟鸡蛋相当于一个实心的整体；而生鸡蛋内部是液态的蛋黄和蛋白——它们由于惯性而无法立即获得旋转动力，因此会阻碍蛋壳旋转，起到"刹车"的作用。

生鸡蛋和熟鸡蛋在中止旋转时，其情形也有所区别。如果我们用手捏一下旋转着的熟鸡蛋，它会立马停下；而生鸡蛋呢，在你碰到它的瞬间它会停下，但是手一放开它就能继

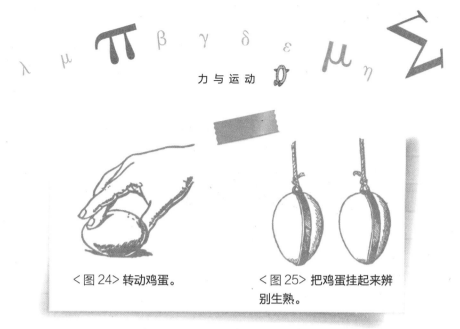

<图 24> 转动鸡蛋。

<图 25> 把鸡蛋挂起来辨别生熟。

续旋转一会儿。这仍旧是惯性的缘故：生鸡蛋的外壳虽然停止了运动，但内部的蛋黄和蛋白还在继续旋转；而熟鸡蛋内部的蛋黄和蛋白则与外壳同时停止运动。

我们还可以用另一种方法来辨别鸡蛋的生熟。用橡皮圈沿"子午线"把生鸡蛋和熟鸡蛋各自箍紧，然后分别挂在同样的细绳上（图 25）。把两根细绳各扭转相同的圈数，然后同时放开，你会立刻发现生鸡蛋和熟鸡蛋的区别：熟鸡蛋在回转到初始状态以后，会由于惯性而向反方向扭转，然后再回转到初始状态——这样反复扭转几次，扭转的圈数会逐渐减少。而生鸡蛋呢，只来回扭转了三四次，在熟鸡蛋还在不停旋转的时候就早早地停了下来，因为它内部液态的蛋黄和蛋白阻碍了它的旋转。

疯狂 "魔盘"

我们来做个小实验。先打开雨伞，把它倒立在地上；然后转动伞柄，使它旋转起来。这时，把一个小皮球或者小纸团丢到伞里，你会发现它不会停留在伞里，而是会从雨伞边缘飞出去。那股使小皮球或者小纸团飞出去的 "力量" 经常被人误认作 "离心力"，实际上这是惯性在起作用。小皮球或者小纸团并不是沿半径方向飞出去，而是沿圆周运动的切线方向飞出去的。

许多公园都有一种叫 "魔盘" 的游乐设施，它就是根据这一原理建造的。体验 "魔盘" 项目的人，可以切身感受到惯性的作用。人们在这个大圆盘上可以随心所欲地站着、坐着，甚至躺着都行。安装在圆盘底下的发动机会通过圆盘的竖轴来带动圆盘旋转，一开始转得并不是很快，后来就越转越快。这时，人们会由于惯性而向圆盘边缘滑去。一开始，这种运动也不是很显著，但随着 "乘客们" 离圆盘中心越来越远，滑到了越来越大的圆周上，惯性的体现就会越来越显

<图 26> "魔盘"。旋转圆盘上的人由于惯性而被抛向盘外。

著。最后，人们无论多么努力地想留在原地都无济于事，还是被抛向盘外了（图 26）。

事实上，我们生活的地球也是一个疯狂的"魔盘"，只是尺寸要大得多。当然了，我们并没有被地球抛出去，但我们的体重却由于地球的旋转而变轻了。比如，在转速最大的赤道上，人的体重会因此而减少 $\frac{1}{300}$；再加上其他因素的影响（地球的扁率），人的体重在赤道上总共会减少千分之五（也就是 $\frac{1}{200}$）。因此，一个成年人在赤道上要比在两极上轻大约 300 克。

25

墨水"旋风"

　　将一块光滑的白纸板剪成圆形,然后在它的正中心插上一根削尖了的火柴棍,这样我们就做出了一个陀螺(图27)。怎样使这个陀螺旋转呢?只要用大拇指和食指拧转火柴棍,然后快速地把它丢到一个光滑的平面上就行了。

　　接下来,我们就用刚才制作的陀螺来做一个极具代表性的实验。首先,在转动陀螺前请先在圆纸板上滴几小滴墨水;然后,趁墨水还没干就立刻转动陀螺;最后,等陀螺停下后再观察那些墨水滴:每一滴墨水都流成了螺旋线

<图27> 在旋转的圆纸板上,墨滴是如何流动的。

形状，而所有的螺旋线合在一起，看上去就像小旋风一样。

这些墨滴会形成"旋风"，并非偶然。圆纸板上的螺旋线究竟是怎么回事呢？这其实是墨滴的运动轨迹。开始旋转后，圆纸板上的墨滴与"魔盘"上的人所受到的作用是完全相同的。由于惯性，这些墨滴会远离圆心而向边缘移动⚠。在旋转的圆纸板上，越到边缘，转速越大。因此，圆纸板边缘的转速要比墨滴本身的速度大得多。

于是在这些地方，圆纸板仿佛从墨滴底下溜过，偷偷地跑到了前面。结果就是，每一滴墨水都好像跟不上圆纸板的脚步，落在了它的半径后面。正因如此，墨滴的路线才是弯曲的，而我们也由此看到了曲线运动的轨迹。

从高气压处流出的气流（反气旋），或者流向低气压处的气流（气旋）也会出现这样的情形。因此，上述实验中墨滴形成的螺旋线的确可以说是旋风的缩影。

1 这里我们要再次强调，离心力本不存在，做圆周运动的物体因其惯性，有沿圆周轨迹切线做直线运动的趋势，而此趋势正是要远离圆心，故称"离心现象"。

——译者注

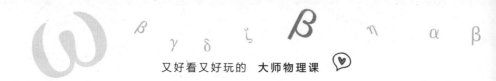

为什么旋转的陀螺不会倒

大多数人小时候都玩过陀螺，却没几个人能准确回答出下面的问题：为什么（垂直或者倾斜着）旋转的陀螺不会倒？它靠什么力量来维持这个看上去很不稳定的状态？难道重力对它不起作用吗？

其实，这里涉及力与力之间的相互作用，是一种很有趣的现象。但是陀螺原理比较复杂，我们在此就不展开论述了，只谈一谈为什么旋转的陀螺不会倒。

如图28所示，一只陀螺正在按照箭头指示的方向旋转。请注意看它上边分别标有字母 A 和字母 B 的部分。A 部分正在离开我们，而它对面的 B 部分正在接近我们。现在请你拨一下陀螺的轴，让它朝自己这边倾斜，然后注意观察 A、B 两部分的运动会发生怎样的变化。这个使陀螺倾倒的力使得 A 部分向上移动，B 部分向下移动。两部分都获得一个推力，而这个推力跟它们原本的运动方向成直角。但因为陀螺在快速旋转时，其圆周速度非常大，而你给予它的

那个推力所产生的速度
又非常小——一个很小
的速度和一个很大的圆
周速度合起来的速度，
自然非常接近这个较大
的圆周速度——所以陀
螺的运动几乎没有任何
变化。这样看来，陀螺

<图28> 为什么旋转的陀螺不会倒？

似乎在抵抗那个试图推倒它的力量。陀螺个头越大、转速越快，就越能抵抗住那个想把它推倒的力量。这就是旋转的陀螺不会倒的原因。

从本质上来说，这一解释与惯性定律是直接相关的。陀螺上的每个点，都在一个与旋转轴垂直的平面上作圆周运动。根据惯性定律，每个点都有沿圆周轨迹切线离开圆周的趋势。但又因为这些切线跟圆周同在一个平面上，所以每个点在运动时都竭力使自己停留在那个与旋转轴垂直的平面上。由此我们可以得出：陀螺上所有与旋转轴垂直的平面都竭力维持着自己在空间里的位置；反过来说，与这些平面垂直的旋转轴也在竭力维持自己的方向。

对于陀螺受外力作用所发生的所有运动，我们就不进行深入探讨了，因为这需要非常详细的阐述，难免会枯燥无味。我只想解释为什么一切旋转的物体都竭力使自己的轴保持原来的方向。

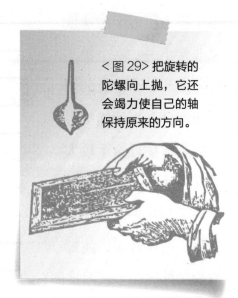

<图29> 把旋转的陀螺向上抛，它还会竭力使自己的轴保持原来的方向。

这一特性被广泛应用于现代技术中。所有的回转仪都是根据陀螺原理制造的，比如安装在船舶和飞机上的罗盘、陀螺仪等⚠️。

陀螺看似只是一个简单的玩具，实际却有如此广阔的用途！

1 旋转产生的陀螺效应保证了炮弹和枪弹飞行的稳定性，也可以保证人造卫星、火箭等在真空中运行的稳定性。

最划算的旅行方式

17世纪中期，法国作家西拉诺·德·贝尔热拉克在其创作的讽刺小说《月球上的国家和帝国的趣史》里，描述了一件非同寻常的事，那口吻就像是他本人的亲身经历似的。有一次，也不知道怎么搞的，他在做物理实验时竟然和自己的玻璃瓶一起升到了空中。几个小时后，他又落到了地上，并且惊讶地发现，自己并没有落回法国，甚至也不是落在欧洲的其他地方，而是落到了北美洲的加拿大！这位法国作家意外地跨越了整个大西洋，而对于这次旅行，他却认为是一件非常合理的事情。他解释说，当一个旅行家不可控地离开地球表面时，地球本身依然在自西向东旋转；因此，当他落回地面时，他脚下的地方就不再是法国，而是美洲大陆了。

这可真是一种既便捷又划算的旅行方式啊！只要升到高空，然后停留片刻，即使几秒钟的时间也足以使你降落到西方很远的地方。人们再也不用横跨大陆、漂洋过海地

去做疲劳的旅行，只需要一动不动地悬在地球上空，等待地球把目的地送过来就行。

但是很遗憾，这种非同寻常的旅行方式不过是一种幻想罢了。

首先，我们虽然升到了空中，但实际上还是没有脱离地球，因为我们依旧停留在随地球自转的大气外壳中。空气——准确来说是地球下层较为密实的空气，携带着它里面的所有东西，如云、飞机、鸟和昆虫等，和地球一起自转。假如空气没有随地球一起转动，那么地球上的居民就会感受到无比强劲的风，即使最可怕的飓风 △ 也无法与之相提并论。要知道，我们站在原地让风吹过身体；或者反过来，空气不动，我们在空气里运动，这两种情况本质上是一样的。就好像在没有风的日子里，摩托车手以 100 千米/时的速度行驶，一样会感受到迎面而来的强风。

其次，就算我们能够升到大气层之外，或者地球根

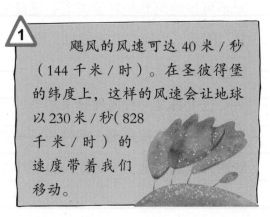

1 飓风的风速可达 40 米/秒（144 千米/时）。在圣彼得堡的纬度上，这样的风速会让地球以 230 米/秒（828 千米/时）的速度带着我们移动。

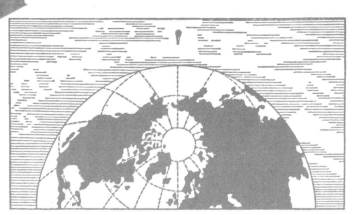

<图30> 从气球上能看到地球在转动吗?（此图未遵照真实比例）

本没有大气层，我们也无法按照这位法国作家所幻想的方式来旅行。事实上，当我们离开地球表面时，由于惯性，我们仍会随着旋转的地球以同样的速度运动。因此，当我们落下来时，毫无疑问，我们仍会落回原地，就像我们在疾驰的列车里向上跳仍会落回原地一样。当然了，这时候我们会由于惯性而沿圆周轨迹切线作直线运动，我们脚下的地球则依然在作圆周运动；但是在非常短的时间里，这并不会改变事情的实质。

子弹与空气

众所周知，空气会阻碍子弹的飞行，那么空气对运动物体的阻碍作用究竟能有多大呢？恐怕没多少人清楚。大多数人都秉持这样的观点：像空气这样柔软的介质——我们平常几乎觉察不到——对飞行的子弹肯定不会产生多大的阻碍作用。

但是，只要看一眼图31，你就会明白：空气对于飞行的子弹来说，的确有着极大的阻碍作用。

下图中，大圆弧表示在没有空气的情况下子弹的飞

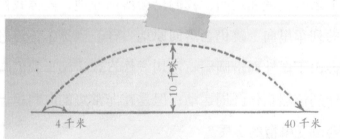

< 图31> 子弹在真空和空气里的飞行轨迹。大圆弧表示在没有空气的情况下子弹的飞行轨迹。左侧的小圆弧表示子弹在空气里的实际飞行轨迹。

行轨迹：这颗子弹以 620 米 / 秒的初速度 [△] 、45° 的仰角 [△] 从步枪的枪管中射出以后，在空中划出一个巨大的圆弧，这个圆弧的最高点距地面 10 千米，两个端点之间的直线距离为 40 千米。然而真实的情况是：这颗子弹以相同的初速度和仰角射出去以后，由于空气的存在，只划出一个相对来说比较小的圆弧，两个端点之间的直线距离只有 4 千米。图中的小圆弧跟大圆弧相比，几乎看不到什么了：空气阻力原来这么大！假如没有了空气，我们就可以用步枪从 40 千米远的地方将子弹射向 10 千米的高空再打中敌人的脑袋了！

1 　初速度：若一个物体在做变速运动，则指定时间内的开始时速度称为初速度（v_0）。

——译者注

2 　仰角：指一个物体或方向相对于参考平面（通常是水平面）上方的角度。仰角的度量范围通常是 0° 到 90° 之间。

——译者注

延迟开伞跳伞

看到这个标题，你一定会想到那些还没打开降落伞就敢从 10 千米高空往下跳的跳伞高手：他们在最后几百米才开启降落伞，随后缓缓落地，也就是说，他们是在向下落了全程的绝大部分后才开伞降落的。

很多人认为，如果不开启降落伞，像石头一样直接往下掉，那跟在真空里落下没有什么区别。如果真是这样，那么在跳伞过程中，延迟开伞的时间会大大缩短，并且最后还会达到一个非常惊人的速度。然而，实际情况并非如此。

原因是，空气阻力妨碍了（下落物体）速度的增加。在还未开启降落伞的时候，跳伞者的下降速度只在最初的十几秒钟里是不断增大的，而这一段时间总共也就落下几百米。空气阻力会随（物体）速度的增大而增大，很快就使得速度不再增加了。于是，加速运动就变成了匀速运动。

我们可以通过计算，从力学的角度描绘出延迟开伞跳伞的大致情形。跳伞者在还未开启降落伞的时候，大约只在最初的 12 秒钟（也许还不到 12 秒钟，这跟人的体重有关）里是有加速度的。在这十几秒钟里，跳伞者会落下 400~500 米，达到大约 50 米 / 秒的速度。在这之后直至开启降落伞，跳伞者便都以这个速度匀速落下。

水滴从空中落下基本上也是相同的情形，区别只在于水滴落下的第一段时间，即具有加速度的时间，仅有短短一秒钟，甚至还不到一秒钟。这样的话，水滴最后所达到的下落速度就比延迟开伞跳伞者的下落速度小得多，跟雨滴的下落速度差不多，大概只有 2~7 米 / 秒，依水滴的大小而定 ⚠。

1　据测量，雨滴的落下速度极小，0.03 毫克的雨滴的末速度大约是 1.7 米 / 秒，20 毫克的雨滴的末速度大约是 7 米 / 秒，最大的 200 毫克的雨滴的末速度也只有大约 8 米 / 秒，目前还没有发现比这更大的速度。

回旋镖

这是一种很奇特的武器，从技术层面来说，可称得上原始人类最完美的发明。在很长一段时间里，科学家们都对这件东西感到十分困惑，无法解释其中的原理。不过这也难怪，回旋镖在空中划出的曲线又复杂又诡异（图32），每个人都会对此感到困惑不解。

现在，科学家们已经研究出回旋镖的飞行原理，从而彻底解开了这个谜题。这里我并不打算对其中的细节

<图32> 原始人类在隐蔽处使用回旋镖进行捕猎。图中的虚线是回旋镖的飞行轨迹（未击中目标）。

进行深入研究，只解释一点，即回旋镖那奇特的飞行轨迹是以下三个因素相互作用的结果：（1）最初的投掷；（2）回旋镖的旋转；（3）空气阻力。原始人类将这三个因素加在一起，就可以熟练地把回旋镖以适当的角度、力量和方向投掷出去，从而达到预期的结果。

其实只要经过训练，每个人都能掌握这种技巧。

为了便于在室内练习，我们可以按照图33的样式做一个纸回旋镖。这个用卡片剪成的回旋镖，两翼分别长5厘米左右，宽不到1厘米。现在，用拇指和食指夹住这个纸回旋镖，然后用另一只手的食指向前并且微微向上弹一下它的末端（图33）。接下来你会看到，这个纸回

<图33> 纸回旋镖以及投掷方式

<图34> 另一种形状的纸回旋镖（实际大小）

旋镖真的从你手中飞了出去，大概飞行了 5 米多，划出一道圆滑而优美的曲线，如果没有碰到房间里的什么东西，那它又会落回你的脚边。

如果我们按照图 34 的形状来做纸回旋镖，实验效果会更好，即回旋镖的两翼最好略微弯曲成螺旋形（如图 34 下部所示）。这样经过认真练习，你扔出的回旋镖会在空中划出相当复杂的曲线，最终又落回你的脚边。

最后应当指出，回旋镖这种武器并不是澳大利亚土著独有的，印度的很多地区也发现过它的踪迹。在一些残存的壁画中可以看到，这种回旋镖曾经是士兵的特殊武器。在古埃及和努比亚也都有过回旋镖的身影。当然，最独特的还是澳大利亚的回旋镖，它被扭曲成螺旋形，也正因为如此，它才能够划出复杂的曲线并在未击中目标的情况下落回你的脚边。

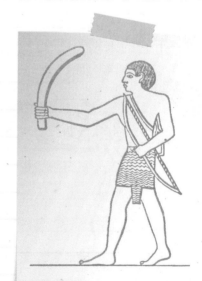

< 图 35> 古埃及壁画上投掷回旋镖的士兵

假如没有了摩擦

读者们应该都知道，摩擦总是以各种各样的方式在我们周围出现，并且很多时候都是出人意料的；甚至在我们完全想不到的地方，它也会起着至关重要的作用。假如世界上突然没有了摩擦，许多我们习以为常的现象就会完全变成另外一番模样。

瑞士物理学家纪尧姆 ⚠ 曾经对摩擦现象有过非常生动的描述：

> 我们都在结冰的路上走过：为了站稳不跌倒，我们花了多大的力气，做出了多么滑稽的动作啊！想到这里，我们就必须承认，我们平时所走的路面具有多么"高尚"的品格啊，使我们不费吹灰之力就能保持平

> ⚠ 1
> 纪尧姆（1861—1938）：瑞士物理学家，1920 年因发现镍钢合金于精密物理中的重要性而获得诺贝尔物理学奖殊荣。
> ——译者注

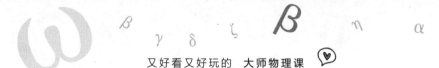

衡。当我们骑着自行车在光滑的马路上摔倒时，或者当我们看到马在柏油路上滑倒时，我们同样会产生这种想法。通过研究这些日常现象，我们就能发现摩擦带给我们的好处了。工程师想方设法消除机器上的摩擦，并且取得了良好的成效。在应用力学中，摩擦往往被认为是极不好的现象，这无疑是对的，但也只是在极有限的领域里是对的。在更多的情况下，我们还得感谢摩擦，正是有了摩擦，我们才能稳稳当当地坐立行走和工作，书和墨水才不会掉到地上，桌子才不会滑向墙角，钢笔才不会从指间滑落……

摩擦现象是如此普遍，以至除特殊情况外，我们平时根本想不到找它帮忙，因为它往往会自动出现。

摩擦有助于保持稳定。木匠刨平地板，使得桌椅能够平稳地待在人们放置的地方。放在桌子上的杯盘碗碟，只要不是位于摇晃的轮船里，我们也无须担心它们会从桌子上滑落。

我们不妨设想一下，假如没有了摩擦，会出现怎样的情景。这时候一切物体，不管是大石头还是小沙粒，都无法相互支撑了：所有的物体都会滑落、滚动，直到

达到一个平面为止。假如没有了摩擦，我们的地球也会像流体一般，成为一个没有高低起伏的标准球体。

对此我们还可以继续补充：假如没有了摩擦，铁钉和螺钉会从墙上滑落下来；我们的手将拿不起任何东西；建筑物再也无法建造起来；而旋风一旦刮起就永远不会停歇；我们还会一直听到回声，因为它从墙上反射回来时完全不会被削弱。

每次道路结冰的时候，我们都能深刻地认识到摩擦的重要性。街上一结冰，我们往往就不知所措，随时都有可能滑倒。

以下是从 1927 年 10 月的一份报纸上摘录下来的新闻片段：

伦敦 21 日消息，由于道路结冰，伦敦的街车和电车运行受阻。另外，约有 1400 人因摔伤手脚而被送进医院。

在海德公园附近，三辆汽车和两辆电车连环相撞并引发了爆炸，所有的车辆都被烧毁……

巴黎 21 日消息，巴黎及其近郊因道路结冰而发生众多不幸事件……

不过，**冰面上的微弱摩擦力也可以在技术上加以利用**，比如我们常见的雪橇就是一个很好的例子。还有一个更好的例子，就是所谓的"冰路"，它可以使我们更轻松地把树木从采伐地运送至铁路车站。如图 36 所示，在平滑的"冰路"上，装有 70 吨木材的雪橇只需要两匹马就能拉动。

<图 36> 上图是装满木材的雪橇，两匹马能拉动 70 吨货物。下图是"冰路"，A——车辙，B——滑木，C——压实的雪，D——道路土基。